JN193302

岩波科学ライブラリー 275

時をあやつる遺伝子

松本 顕

岩波書店

SCIENCE

はじめに

2017年ノーベル生理学・医学賞

「アキラ，ノーベル賞だ！」西暦2000年の秋，ニューヨーク，マンハッタン，ロックフェラー大学の高層ビル．早朝の研究室に飛び込んでくるなり，大学院生のアダムが興奮した声で話しかけてきた．「え？　マイクにノーベル賞？！」「あ，違う．上の階のグリーンガード教授…」アダムの早口の英語は続いているが，右から左に抜けてしまう．「また逃した．マイクの受賞はもう無理かも…」．

その日の昼，大学関係者へのグリーンガード教授の受賞挨拶．講堂に集う教授の中にはマイクの姿もあった．医学研究所から出発したロックフェラー大学は規模の割にはノーベル賞受賞者を多く輩出している．大学のカフェテリアで横に座った老教授がノーベル賞学者のことも珍しくない．「周りは次々受賞して，マイクはどう感じているだろう．やはりあの件の影響でダメなのか…」．まつ毛まで金髪ですらりと長身．ハリウッドスターのようなマイクの横顔からは何も読み取れなかった．

2017年のノーベル生理学・医学賞を「概日リズムを制御する分子メカニズムの解明」により，ジェフリー・ホール博士，マイケル・ロスバッシュ博士，マイク・ヤング博士の3氏が受賞したと知った時，17年前の留学先での光景が甦った．続いて湧き上がってきた感情は，熱狂でも興奮でもなく，安堵と納得．彼がノーベル賞候補に挙がっているという最初の噂をきいてから約30年．受賞者それぞれに毀誉褒貶があった．

体内の1日は遺伝子が計る

ノーベル賞の受賞理由を簡単に言うと，体内時計はどのような部品でつくられ，どうやって動いているかをつきとめた功績．ノーベル賞の3氏は，体内時計が「時計遺伝子」とよばれるパーツから組み立てられ，それらが互いのはたらきを制御しあって体内に1日のリズムを生み出す仕組みを解明した．

私たちは頻繁に時刻を確かめて次の行動を決めている．「12時か．お昼にしよう」「いま出れば間に合うな」と．時計がなくてもまだ何とかなる．体内時計がはたらいているからだ．時計遺伝子に変異が起きるとその体内時計も不調になる．時刻の手がかりがない環境では体内での1日が大幅に狂う．時刻のわかる環境にいても，行動のタイミングがずれる．本書の題名「時をあやつる」とはそういう意味だ．

体内時計の研究

海外への出張や旅行，パソコンを使った海外との会議やチャットも日常的になりつつある現代，かつてこれほど地球上の「時差」が意識された時代はない．

夜も明るい都会の生活，そしてコンビニやスマホ．人類は文明によって闇を追い払い，光に囲まれた生活を送っている．1日の生活様式もずいぶん変わった．日の出とともに起き，日の入とともに寝る毎日は遠い過去．一方で，睡眠障害，メタボ，生活習慣病，引きこもり，うつ．現代社会では深刻な問題も起きている．がんもいまだ大きな脅威だ．

驚いたことに，いま挙げた不調や病気のすべてに時計遺伝子は関与する．私たちの健康にも密接に関係する時計遺伝子の研究は，どのようにはじまり，どう発展し，どこにたどり着いたのか．ノーベル賞受賞者や研究者たちの軌跡を，私が見聞きしたことを交えて書き留めたい．

この研究分野は，遺伝子の変異体を扱いやすいショウジョウバエ(台所でよく見る小型のハエ；解説1)を用いて切りひらかれてきた．したがって本書のほとんどのページはハエでの研究の発展史の解説に費やされる．

しかし，体内時計は，ヒトやハエはもちろん，脊椎動物，昆虫，植物，カビ，さらには一部のバクテリアにまで備わっている．日常的に目にする生物で体内時計をもたないものを探す方が難しい．そのため，ハエで発見された体内時計のメカニズムは，少しだけその部品や仕組みを変えさえすれば，多くの生物にあてはめられる．最後の第7章では，ハエ以外の生物における時計遺伝子研究についても簡単にふれる．

本書では，時計遺伝子の謎解きストーリーを激しい研究競争の側面を交えて語る．人名や遺伝子名などが頻発して最初はとまどうかもしれないが，あまりとらわれずに読み進めていただきたい．専門的な概念や実験方法も出てくるが，ある程度は読み飛ばしてもらって大丈夫．しかし，念のために巻末に解説も入れた．適宜参照してほしい．また，時計遺伝子の変異体発見に関する肩のこらないエピソードをコラムとして随所にちりばめた．本文の内容に飽きたら，どうぞそちらで息抜きを．

時計遺伝子の研究は約50年前のただ1報の論文からはじまる．この論文の投げかけた謎の答えを追い求め，激しい競争を繰り広げながら謎を解き，そのさらに彼方に達することで3氏はついにノーベル賞の栄誉に輝いた．彼ら以外にも多くの研究者たちがこの謎解きに加わった．3 氏は分野を代表して受賞したともいえる．時計遺伝子の話は彼らがこの分野に関わりはじめる 10 年ほど前，1971 年からはじまる．

目　次

図版作成＝川野郁代

第1章 時を刻む遺伝子の発見

体内時計と概日リズム

1971年，米国科学アカデミー紀要(PNAS誌；解説4-1)に1報の論文が掲載され，関連分野の研究者に驚愕を与えた．大学院生ロナルド・コノプカとその指導教授シーモア・ベンザー博士が，ショウジョウバエの体内時計の変異体の分離に成功し，単一の原因遺伝子をつきとめた，という報告である．ショウジョウバエで変異体を分離して遺伝学的な研究を行うことは珍しくない．では，なぜこの論文が研究者たちにそれほどのインパクトを与えたのか．この報告には，当時の常識からはにわかには信じられない結果がいくつも含まれていたのである．

さまざまな生命現象に24時間周期のリズムが見いだせることは昔から知られていた．身近な例ではヒトの睡眠覚醒が挙げられる．運動とは無縁に思える植物でも昼夜で葉の上げ下げにリズムが観察される場合があり，その不思議さからか，古くはアレクサンドロス大王の時代にも記述が見え，進化論で有名なダーウィンによっても詳細に観察されている．

これらは一見したところは昼夜の照度変化に対する反応に見える．しかしそう単純ではないことが18世紀に発見された．環境の時刻を知る手がかりがまったくない場所に生物を置いても，まるで体内に時計をもっているかのように約1日周期のリズムが継続したからだ．ただし，その周期は個体や生物種によって異なり，正確な24時間ではなかった．そこで，このような自律的な約1日のリズムは「概日リズム」とよばれるようになった．英語の「サーカディアンリズム」の方がよほど日本語に入り込んでいるかもしれない．ラテン語に由来しており，サーカは「概（およ）そ」，ディアンは「1日」の意．

概日リズムが「時計」として機能するには，環境に同調して時刻合わせを行う必要がある．実際に，概日リズムは周期的な環境変化には驚くほど柔軟に同調できる．一般的に，最も強く作用するのは光．しかし1日周期の温度変化にも同調する．ヒトの場合は社会的な要因さえ同調因子となることがわかっている．さらに，概日リズムは環境リズムが急激にずれた場合もそれに再同調する．時差のある地域への旅行が好例で，再同調に要する期間に「時差ぼけ」を感じ，自分の体内で自律的に頑固に時を刻む体内時計の存在を認識することになる．1970年代以前ですら，ヒトを含めた多くの生物の行動や生理現象が体内時計によってコントロールされていることはわかっていた．しかし――．

このような複雑な行動を支える生理機構に，遺伝子が直接的に関与しているなど1970年当時の常識の範疇を超えていた．もちろん，遺伝子の関与を示唆するデータもあるにはあった．早くも1930年代にはドイツのビュニング博士がショウジョウバエを用いた実験からそれを主張し，1950-60年代にはアメリカのピッテンドリク博士によっても確かめられている．しかし，たった1個の遺伝子の変異によって，生き物にとっての1日の長さが強烈に伸び縮みする可能性を本気で考えた研究者は皆無だった．それがまさか，人為的な変異体の分離を試みる者が現れ，しかも大成功してしまうとは．

行動遺伝学

1960年代，物理学出身のベンザー教授はカリフォルニア工科大学に研究室を構え，「行動遺伝学」という新しい学問分野を確立しつつあった.

これよりしばらく前，第二次世界大戦が終了する頃，物理学から生物学へと大量の頭脳が流入した．原子物理学から分子遺伝学へ．1953年のDNAの2重らせん構造の発見にはじまる遺伝子研究の隆盛の土台は彼らによって築かれた．ベンザー教授もその1人．当初はファージを使った研究をしてきた．ファージは大腸菌に寄生するウィルスの一種で構造も遺伝子もきわめて単純．研究しやすいが面白みには欠けた．ベンザー教授はファージ研究で蓄積してきた遺伝子の知識と技術を，もっと高等な生物に応用したいと考えるようになる．次のターゲットは行動．生き物の複雑さの極致だ.

もと物理学者だけに，その方法論は明快だった．生物のさまざまな形態や性質が遺伝子によって決まるのなら，その総体としての生物の行動やふるまいにも遺伝子は影響するに違いない．複雑な機械でも部品が壊れればうまくはたらかなくなる．機械を設計した本人でなくても，どの部品が壊れた時にどんな不具合が生じるかを丹念に調べ上げれば，その機械のはたらく原理は推測できる．ならば，生物の複雑な行動への遺伝子の影響も同じ考え方で解明できるはずだ.

ベンザー教授はショウジョウバエを研究対象に選んだ．長年にわたる遺伝学の知識と技術の集積．飼いやすく，世代交代が速く，多数の純系の子孫が得られるのも魅力だ(解説1)．哺乳類ほどではないが脳や神経系もしっかりもっている．複雑すぎない脳や行動は，研究するにはむしろうってつけ．ベンザー教授らは適切な濃度の薬剤を用いて人為的に遺伝子変異を誘発し，そのハエの子孫から多数の純系の系統を確立．注目する行動に異常があるものを1系統ずつ調べ上げ(スクリーニング)，原因となる遺伝子を見つけ出し(遺伝子の同定)，行動にどう関与するかのメカニズムを解明する(機能解析)，という研究スタイルを確立していった．

時計変異体

コノプカは1960年代末にベンザー研究室の大学院生になった．初めから体内時計の研究を希望．まずは遺伝的な解析を行いやすい性染色体(正確にはX染色体；解説1)に狙いをつけ，薬剤処理したハエの子孫から2000系統を確立した．コノプカにはこれらのハエの中から体内時計の変異体を見つけ出すアイデアもあった．ハエの羽化を集団として観察すると明瞭な概日リズムを示すことは，すでにリズム研究者によって詳細に調べられていた．これを使わない手はない．といっても，羽化してくるハエの個体数を，暗室にとじこもり何日も一定時間ごとに徹夜で数え続けるのは大変だ．そこで，バングボックスという羽化リズムの自動計測装置をスタンフォード大学のコーリン・ピッテンドリク博士から借りてきた．

ピッテンドリク博士は概日リズム研究の世界的権威．ドイツのアショフ教授(前述のビュニング教授の一番弟子．ヒトの概日リズムは25時間と報告した人物としても有名)とともに当時のこの分野の二大巨頭．NASAにも協力していた大物だ．地球の自転から離れ，昼夜の区別がない宇宙空間で生物が長期間無事に生存可能かどうかも不明な時代だった．とはいえピッテンドリク博士も大学院生時代はショウジョウバエで遺伝学の研究をしており，名を成した後も，扱いなれたショウジョウバエの羽化リズムの観察は続け，概日リズムのさまざまな性質を明らかにしてきた．バングボックスはそのために開発された装置だ．

バングボックスの中に大量のさなぎを入れる．さなぎは内壁に張りついた状態．さなぎから成虫への羽化が順次起きる．ハエは羽化後すぐには飛べない．そこに一定時間ごとに強烈な振動が自動的に加えられる．さなぎは壁に張りついたままだが，成虫は壁面から落下．漏斗で一挙に捕獲されてアルコール漬けに．あとで数えれば時刻ごとの羽化数がわかる．一定時間ごとに，バーンと強い衝撃が与えられる，つまりバーン箱(バングボックス)．わかってみると安直なネーミングだ．

コノプカはバングボックスを使って1系統ずつハエの羽化リズムを暗黒下で調べていった．すると，なんと，周期が19時間に短縮されたもの，29時間に延長されたもの，周期性を失ったもの，の3系統が見つかってきた．しかし，羽化リズムは集団としてのリズム．ひょっとすると，集団の秩序の何かがおかしくなってしまった可能性もある．では，個体ごとの歩行活動のリズムはどうか．数日間にわたって暗黒下で小さなハエの動きを追う装置が必要になった．

ベンザー教授はさすがだった．すぐに赤外線を使った自動記録のアイデアを提案．が，困ったことにそんな装置は自作するしかない．と，あっという間にこれを解決したのはベンザー研究室に博士研究員として留学中の若き日本人研究者，堀田凱樹(よしき)博士(後の国立遺伝学研究所所長．現・東京大学名誉教授)．堀田博士の手製の装置を使って，活動リズムにも羽化リズムと同様の異常が確認できた．やはり，19時間，29時間，無周期．

3つの系統では集団レベルでも個体レベルでも概日リズムが異常になっていた．間違いない．体内時計の部品としてはたらく遺伝子，まさに「時計遺伝子」の変異体．次の課題は，3つの変異それぞれが，体内時計のどの部品(つまりどんな遺伝子)を壊しているかを確かめること．体内時計は3つの部品で作り上げられているのだろうか．まさか，1個の遺伝子に生じた変異に応じて，1日の長さが自在に変化することなどないとは思うが，まずは念のためにその可能性を潰すところからスタートだ．

衝撃の論文

研究の流れがわかりやすいように，まずは眼色の突然変異の例で説明しよう．普通はショウジョウバエの眼色は赤い．2つの変異系統が得られたとする．眼色が白いものと，ピンクのもの．これらが同じ遺伝子の壊れ方の違いで生じたものか，別々の遺伝子に生じた変異かを見分ける実験をまず行う．実験結果が，同じ遺伝子の壊れ方の違いで生じたことを示していたなら，例えば眼の赤い色素の合成にはたらく遺伝子の機能を完全に壊す変異なら眼の色は白に，機能の壊れ方が不完全で少しは色素を合成できる変異ならピンク，と予想を立てて実験を進めることになる．逆に，白とピンクは別々の遺伝子の変異であると示唆されたなら，眼色に関わる遺伝子には少なくとも2種類あるとの予想のもとに実験を進めていく．

ショウジョウバエでは独立して得られた複数の突然変異が同じ遺伝子上に起きたものか，違う遺伝子上のものかを簡単な交配で確かめることができる．この手法は相補性テストとよばれ，ベンザー教授が開発したもの．もちろんコノプカも，得られた3つの時計突然変異体で相補性テストを行った．実験結果にはコノプカ自身でさえ驚いた．3つの変異すべてが，X染色体上の同じ遺伝子に生じていることを示していたからだ．この遺伝子の壊れ方ひとつで，自在に概日リズムの周期が変化するらしい．まったく未知の遺伝子なのか，それとも，すでに別の機能をもつ遺伝子として知られているものなのか．

この遺伝子がX染色体上のどこに存在するかも重要だ．形態に特徴のあるマーカー系統との交配が相補性テストと同時に行われていた．ショウジョウバエ遺伝学では日常的に用いられる手法であり，いくつかの遺伝子との組換え価から遺伝子座を計算で割り出す．3つのどの変異に関して調べてもまったく同じ遺伝子座が示された．ショウジョウバエ遺伝学の創始者モルガン博士(解説2-1)の発見した有名な白眼の遺伝子のすぐ横(p.13図1上段)．

ラッキーだった．まったくの偶然ではあるが，有名な遺伝子の近くだけに，その領域には染色体異常系統がたくさん揃っていた．染色体のごく一部が欠損したりダブったりしているハエだ．染色体構造の専門家からこれらを譲り受け，さらに詳しく遺伝子座を探る．

知られている遺伝子ではなかった．そこで「周期」を意味する *period* 遺伝子(略称 *per*；パー．以降，遺伝子名はイタリック体で記す)と命名し，成果を論文としてまとめた．こうして1971年，世界初の「時計遺伝子」論文がPNAS誌に発表されたのである．

不可能と思われていたリズム変異体を分離できただけでも驚きなのに，比較的小規模なスクリーニングで長，短，無周期の1セットが得られ，さらにそれらすべてが1つの時計遺伝子 *per* の変異体．そして *per* 遺伝子は羽化リズムにも歩行リズムにも影響し，おそらく詳細に調べれば，ハエのさまざまな概日リズムすべてを支配していると推測される．にわかには信じられないデータが次々に提示されていくこの短い論文が，良くも悪くも，いかに強いインパクトをもって当時の研究者たちに受け止められたかは，以下のエピソードからもうかがえる．

いまからずっと前，当時東大教授だった堀田先生に私はこう質問した.「先生もこの論文の共著者でおかしくないのになぜ…」「自分から辞退したんですよ．装置は正しく動いていた．だからデータに間違いはない．相補性テストにも問題はない．遺伝子座の決定方法も．でも結論はどうしても納得できない．何か途方もないミスか，考え抜かりをしている気がして．論文の共著者になる責任は負えなかった．いま考えると惜しいことをしました」．堀田先生は，ある1つの遺伝子に関する強烈な変異体が3つ同時に分離される確率まで統計的に計算し，その確率のあまりの低さに「やはり信じられない」と結論を下したという.

幸運と挫折

論文には記載されてないが，実際にはさらに信じられない幸運が起きていた．コノプカは手始めに200系統を調べた時点で，すでに最初の変異体(無周期系統)を得ていたのだ.

ベンザー博士の伝記『時間・愛・記憶の遺伝子を求めて』(邦訳，早川書房)の著者ジョナサン・ワイナーがその著書(解説5)の中で「コノプカの法則」と名づけた経験則がある．以前からハエ研究者の間で，たびたび口の端に上っていたジンクスだ.「重大な発見は小規模なスクリーニングからでも得られる」「上手なスクリーニングなら目当ての遺伝子はすぐ見つかる」．逆に「どれほど頑張ってもダメなものは結局ダメ」とも．ハエの時計遺伝子研究にまつわるコノプカの法則と裏話については随時コラムでご披露したい.

話をもどす．世界初の時計遺伝子の同定は学界を震撼させただけでなく，コノプカの人生にも大きな影響を与えた．彼はこの業績で無事に学位を取得．晴れてコノプカ博士とよばれるようになった.

ピッテンドリク研究室で博士研究員として武者修業の後，母校のカリフォルニア工科大学に職を得て *per* 遺伝子の機能解明に精力的に取り組む．彼のもとで若い大学院生たちも *per* の解析や新たな変異体スクリーニングに精を出した(コラム *per* の変異体)．共同研究者も集まってきた．現代の知見から振り返れば，示唆に富む結果や仮説も残されている．だがしかし….

1970 年代当時の技術的限界もあり，コノプカ博士だけでなく *per* の謎に挑む研究者たちの挑戦はことごとく退けられた．コノプカ博士のもとに集った大学院生たちはみな，志半ばでハエのリズム研究を続ける道を絶たれた．彼らの研究成果の大半は論文として世に出されてすらいない．いまでは，彼らの研究の軌跡を知るには，カリフォルニア工科大学に保存されている博士論文をひとつひとつあたるしかない状況である．大学院生だけでなく，*per* の謎に挑み，論文１報だけを残し，あるいは１報の論文成果すら残せず，時計遺伝子研究から撤退していった共同研究者も多い．

大きな期待には大きな責任がつきまとう．最終的にはコノプカ博士自身も業績不振を理由に母校を追われた．成果(基礎研究なら論文)を出せぬ者，競争に敗れた者，その結果として研究資金を獲得できなくなった者はすべてを失う．科学界の暗黙のルール．コノプカ博士はそれでも別の大学に移って研究を続けるが，その大学からも職を追われ，ついには研究の継続を断念．学会出席はおろか，同業の研究者と会うことすら厭うようになっていった．

この時代よりずっと後の 1995 年，私は渡米の折に，コノプカ博士の昔からの友人のリズム研究者に「コノプカ博士と会って話を伺いたいので紹介してほしい」とお願いしたことがある．しかし断られてしまった．「残念だがロン(コノプカ博士のニックネーム)は私とも研究の話はしない．昔からの友人以外，研究者とは誰とも会わないだろう．代わりにこれを君にあげよう」．庭のベンチで独りくつろぐコノプカ博士の写真だった．

いつしかショウジョウバエの時計遺伝子研究は「取り組む研究者を不幸にする，魔の研究分野」と，一部で都市伝説がささやかれるようにさえなっていった．

コラム　*per*の変異体

時計遺伝子の中で最も多くの変異体が独立に分離されたのは，なんといっても*per*遺伝子．コノプカ博士と大学院生たちも，少なくとも新たに6つ見つけている．ノーベル賞を受賞したホール博士の研究室でも数系統見つけた．私も狙っていないのに7つ．あまりに*per*ばかり取れるので，新しい変異体が取れるたびにまずは「*per*かも？」と疑うクセがついたほど．「すごいモノは簡単にとれる」．コノプカの法則が本当によくあてはまる，最初にして最重要の時計遺伝子．

本書執筆のために，私のこれまでのスクリーニング総数を数えたら3万5000系統を超えていた．研究者が1人で行ったハエの時計遺伝子スクリーニング数としてはおそらく世界一．*per*以外に8つの時計遺伝子を分離，解析してきた．でも，変わりモノを見つけるだけではダメで，きちんと調べて論文発表してひと区切りだから，いくつ調べ，いくつ見つけたなんて自慢にならないのが，つらいところ．

とはいえ，せっかくだからと世界第2位も調べたら，これも日本人．霜田政美博士（国立研究開発法人 農業・食品産業技術総合研究機構）は3年間で8000系統．外国ではスクリーニングはチームプレー，日本はいまだ個人プレーの匠の世界ってことかな？

新時代の幕開け

コノプカ博士の前途に暗雲が立ち込めた1970年代の末，2017年のノーベル賞受賞者の1人，ボストン近郊にあるブランダイス大学のジェフリー・ホール博士がこの分野に登場する．当時30代半ば．かつて，ベンザー研究室に博士研究員として在籍し，コノプカ博士とも親しい．実際，コノプカ博士が研究を断念した後も，その成果を少しでも論文として世に残すように説得し，自らの主宰する学術誌などにコノプカ博士と大学院生たちの未発表の実験結果の掲載をはたらきかけている．喜怒哀楽が激しく，議論好きで，オーバージェスチャー．私が出会った時には若干の禿げ頭にあごひげを蓄え，50歳を迎えてもハーレーダビッドソンのバイクを乗り回す姿は，まるでアメリカ映画の「イージーライダー」の登場人物．一方で，歴史学など文系の学問分野にも造詣が深い教養人でもあり，語彙も豊富．日本人にとっては，見たことも聞いたこともない難しい英単語連発の難解な長文が玉に瑕(きず)．ユーモアあふれるのに，ちょっと気難しい面もある，とにかく複雑な人物．ひとことで言うと「変わり者」だ．

ホール博士の研究対象はショウジョウバエの交尾行動だった．一般にはあまり知られていないが，ショウジョウバエの雄は雌への求愛のために翅をふるわせて求愛歌を奏でる．ホール博士が最初に興味をもったのは*per*がこの60秒ほどのリズム(厳密には求愛歌のリズムそのものではないので，以降は“秒単位のリズム”と記す)にも影響を与えるのではないか，という点であった．

共同研究者と一緒に調べてみると，概日リズムが長，短，無周期の*per*変異体は秒単位のリズムの周期もそれぞれ長，短，ランダムになっていた．ただし，2017年の時点ですら，彼らが調べた現象を，そもそもリズムとよべるのか，という議論が続いている．ホール博士はすでにこの分野から引退しており，売られた喧嘩を買っているのは彼のかつての共同研究者だが，公平に見て旗色は悪いように私には思える．*per* に関わるとろくな結果が出ない．結果が出たと思っても二度と再現されない．「魔の研究分野」の都市伝説はここでもささやかれている．それはさておき．

1980 年にホール博士らの研究結果が PNAS 誌に報告されると，*per* 遺伝子の謎はさらに深まり，世の注目を再び集めた．24 時間から 60 秒まで，生き物の体内のさまざまな時間の流れを支配するらしき時計遺伝子 *per* とはいったいどんなものなのか．遺伝子解析に関する技術レベルは現代とは比較にならないものの，1970 年代に比べれば格段に進歩していた．

分子的な実体を知るには，まずは *per* の遺伝暗号（解説 2-3）を解読する以外になく，これを成し遂げ *per* の謎を解明した者は間違いなくノーベル賞に値すると噂され，新たな展開への気運が高まっていった．

ライバルたちの参戦

この流れの中で，もう 1 人の受賞者マイケル・ロスバッシュ博士が参戦．ホール博士の 1 歳年上．ブランダイス大学の同僚で，専門は遺伝子の転写研究（解説 2-3）．遺伝子解析についてはプロ中のプロだ．しかし，それまで扱っていたのはショウジョウバエではなく，単細胞生物の酵母．メガネごしにも眼光が鋭く，いかにも切れ者感が漂う．会った者の多くが共通して抱くロスバッシュ博士に対する印象は，おそろしく鋭くかつ好戦的．要するに「尖った」人物だ．

日本人の感覚からすると，2 人とも極端に個性が強くキャラの立ったホール博士とロスバッシュ博士のブランダイス大学コンビは，仲が良いのか悪いのか，微妙な関係を保ちながら，研究面では強力にタッグを組んで時計遺伝子解析に邁進しはじめた．

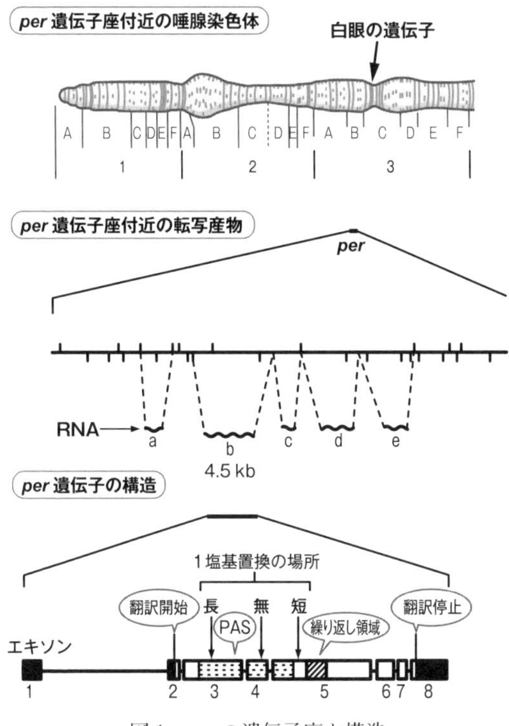

図1　*per* の遺伝子座と構造

同じ頃，ロックフェラー大学に職を得たマイク・ヤング博士も *per* 遺伝子のクローニングを開始していた．ロスバッシュ博士よりも5歳若く30歳目前．大学院生時代からショウジョウバエの染色体構造を研究．コノプカ博士が同定した *per* の遺伝子座が，偶然にも彼の研究テーマの領域にあった．そもそもコノプカ博士が大学院生時代に *per* の遺伝子座の決定に利用した染色体異常系統はヤング博士の師匠が作製したもの．師匠の後を継ぎ，白眼の遺伝子近くの染色体異常系統をさらに分離．若き日のヤング博士はコノプカ博士から「きみの系統を *per* 遺伝子座のさらに精密な分析のために使わせてほしい」と声をかけられ，自らのコレクションも提供している(ヤング博士談)．当時，遺伝子研究のメッカであったロックフェラー大学の地の利と，得意の染色体異常系統を駆使して，ヤング博士らはその染色体領域から転写されてくる数々の遺伝子の中から，4.5 kb(4500 塩基対．塩基対は DNA や RNA の長さの単位．解説 2-3)の大きさをもつものが *per* と推測(p. 13 図 1 中段)．論文を 1984 年の 4 月に発表する．奇しくも，最初の *per* の論文を掲載したのと同じ PNAS 誌であった．当然，ブランダイス大学の 2 人が指をくわえて見ているはずがない．激戦の火ぶたが切って落とされた．

遺伝子解読競争

遅れること半年，1984 年 10 月にはブランダイス大学のグループも *per* 遺伝子を含む染色体領域から転写されるいくつかの mRNA (解説 2-3)を同定(p. 13 図 1 中段)．こちらは Cell 誌に発表(解説 4-1)．ただし，この論文では，時刻に従って発現量が変動する 0.9 kb の mRNA にスポットを当てた論調であった．深読みすれば，進めていた研究成果の一部を，ヤング博士の 4.5 kb 説に対抗する意図も含め，慌てて発表したのではないだろうか．少なくとも，この時点では 4.5 kb の mRNA こそ *per* であるとまで言い切る証拠は得られていなかったと思われる．

それはさておき，ヤング博士らが終始一貫してオーソドックスな遺伝子クローニング法(解説 3-1)を用いたのに対して，ブランダイス大学のグループは，神業のような手法を用いている．論文では詳しくふれられておらず，ホール博士と親交が厚く，当時の話を直接聞いた谷村禎一(ていいち)先生(元・九州大学)にご教示いただいた．彼らはがラス片を研いだ微小なナイフを使って，ショウジョウバエの唾腺染色体(解説2-1)の*per*遺伝子座と思われる部分を顕微鏡で見ながら切り取ってクローニングしたのだ．ショウジョウバエの唾腺染色体は通常の染色体に比べれば100倍程度大きいとはいえ，現代の技術水準から考えてもまさに神業．電動ノコギリを使ってネイルアートをするようなものだ．この神業を駆使できる世界で数人の中の1人ピロッタ博士に，ホール博士から研究協力を頼みこんで実現したらしい．

神業採用の理由は，2か月後の12月に同じCell誌で明らかになった．切り取った染色体断片を酵素でさらに分断．動く遺伝子(解説3-2)の一種を介して，片端から個別に無周期個体の染色体に遺伝子導入．無周期個体のリズムを正常なリズムに回復(レスキュー)できるかで*per*のmRNAの同定を試みた，という衝撃的な実験内容であった．いってみればハエの行動の遺伝子治療．その結果，4.5 kbの転写産物を生じる染色体断片だけがリズムをレスキューできた(p. 13図1中段)．すなわち，4.5 kbのmRNAこそ*per*遺伝子の本体，と直接的に証明してみせたのである．単細胞生物の大腸菌や酵母ならば同様の実験コンセプトは珍しくなかったが，ハエは多細胞生物．しかも行動という複雑な現象に対するこれほど鮮やかなレスキュー実験は，これが世界初．酵母を研究材料にしてきたロスバッシュ博士ならではの発想と遺伝子操作技術に，当時最先端の遺伝子導入実験を完璧な形で実施できるホール博士の人脈とショウジョウバエの実験技術がいかんなく発揮されての成果であった．

もちろん，ブランダイス大学の動きはヤング博士も察知していたのだろう．彼のグループもすべり込むように同年12月暮れ，Nature誌(解説4-1)に自前のレスキュー実験の成功を報告．科学の世界では，同等の成果を記した論文が同じ年に報告された場合は新発見の栄誉は分かち合われる．たとえ1月と12月であっても．しかし，ひと月遅れであっても12月と翌年の1月では，もはや同着とはみなされない．むしろ経緯は抜きにして二番煎じと判断されてしまうことが多い．そういう意味で，まさにすべり込みであった．

この後も彼ら3人が繰り広げた，最先端技術を駆使した，しのぎを削る素早い応酬には，映画を見ているかのような感覚さえ覚えるが，これらの研究の成立背景には，無周期変異体の存在がきわめて大きい．無周期変異が存在したからこそ，正常型と無周期変異体で遺伝子産物を比較でき，また，レスキュー実験の効果を活動リズム回復の有無で簡単に見極められた．もちろん何よりも，コノプカ博士とベンザー博士が常識外れと批判されながらもリズム変異体の分離に取り組んで成功していなければ，時計遺伝子の解析すらはじまらなかっただろう．コノプカ博士もベンザー博士もすでに故人であるが，彼らが存命だったらこの分野のノーベル賞受賞者はどうなっていたか．ノーベル賞は生きている3名にしか与えられない．コノプカ博士の没後2年でのノーベル賞授与ということを考え合わせると複雑な気分になる．あらためて両博士の本分野への貢献に感謝し，ご冥福をお祈りしたい．

第2章 最初に謎を解く者

細胞間連絡が決め手？

per の正体は 4.5 kb の mRNA（解説 2-3）にあることはわかった．次に解決すべきは，それがどのようなタンパク質をコードしており，3つの変異系統では *per* のどこにどういう異常があるか．これにより一挙に *per* 遺伝子の謎に迫ることができる．さらに熾烈な遺伝子解読競争を誰もが予想した．

先手を打ったのはヤング博士だった．1985年，PER タンパク質（以降，大文字略号でタンパク質を表す）内にトレオニン-グリシンというアミノ酸2つの並びが繰り返される特徴的な領域があり，このような領域をもつタンパク質は哺乳類にも存在している，と Nature 誌に予告的にぶちあげる．翌年には同誌で，*per* 遺伝子の塩基配列の全貌を解読．特徴的な繰り返し配列はプロテオグリカンのコアモチーフ（解説 2-5）に類似した領域である，と明らかにした（p. 13 図1下段）．プロテオグリカンはヒトを含む哺乳類全般にもあり，細胞と細胞の隙間に存在する成分．ヤング博士のグループからは，その後も3つの *per* 変異体では細胞間連絡に異常がみられることを示唆する実験結果が矢継ぎ早に報告された．時計遺伝子の謎は細胞間連絡をキーワードとして，ついに解かれたかに見えた．種の壁さえ越えて．ヤング博士のノーベル賞受賞がまことしやかに噂されはじめる．ところが….

一方，ブランダイス大学のグループの動きをこの時期に発表された論文から追うと，ホール博士は元来の興味対象だった求愛行動への *per* 遺伝子の関与の解析に，ロスバッシュ博士は *per* 遺伝子の転写産物(解説 2-3)の詳細な解析に力点を移していたかのように見える．一流誌に論文を発表し続けてはいるがヤング博士のグループと比べると派手さもインパクトもない．

たった 1 塩基，されど 1 塩基

ブランダイス大学のグループは 1987 年の 2 月になって，待望の研究成果，3 つの *per* 変異体に何が起きているかを解明した論文を PNAS 誌に発表した．ヤング博士らも負けていない．遅れることひと月で同様の内容を Nature 誌に報告．2 グループの結果は一致しており，再び驚くべきものであった．どの変異系統の *per* 遺伝子も，変化しているのはたった 1 個の DNA 塩基のみ．もちろん，長，短，無周期というリズムのタイプによって，変化している箇所は違う(p. 13 図 1 下段)．しかしどのタイプでもいわゆる 1 塩基変異が生じ，それが 1218 個のアミノ酸からなる PER タンパク質の中のたった 1 つのアミノ酸の置換を引き起こす(解説 2-3)．PER タンパク質の構造のほんの小さな違いが，行動レベルでは周期の短縮や延長の原因になっている可能性が浮かび上がった．

同時に無周期系統の謎は解かれた．*per* 遺伝子の途中に生じた 1 塩基変異によってタンパク質の翻訳停止コドン(解説 2-3)が新たに生じ，先頭から 1/3 程度で途切れた翻訳産物しかできなくなっていたのだ．これではまったく機能できず，体内時計の部品として役に立たない．概日リズムを失うのも当然である．

後れをとったかに見えていたブランダイス大学のグループは，この80年代中盤に，*per* 遺伝子発現に関する細胞や組織レベルでの研究体制，さらには遺伝学と生理学を融合した研究を展開する準備を着々と進め，1988年以降に一挙に研究成果を放出しはじめる．それまでは，遺伝子レベルでの実験はロスバッシュ博士，もっと生き物寄りの行動や生理の分野はホール博士，という大まかな分業体制で進んできたが，ヤング博士に遺伝子解析で水をあけられ後塵を拝する一方という状況に，業を煮やしたホール博士が研究の方向性を大きく切り換えた，というのが真実に近いのかもしれない．ブランダイス大学のグループを牽引するホール博士とロスバッシュ博士の仲はさらに微妙になり，やがて2人は研究の議論すら博士研究員や大学院生を介してしか行わない状況に陥っていった．

今度は核ではたらく？

そんなホール博士とロスバッシュ博士でも，外部に対しては強力な一枚岩．1988年以降，*per* の発現組織や細胞内局在(細胞内のどこにあるか)がブランダイス大学のグループにより，次々に明らかにされていった．その流れの中でPERは細胞間には存在しておらず，むしろ細胞の核(解説2-1)内ではたらくことがさまざまな角度から明らかにされていった．

他分野からの研究成果も援護射撃になった．当初はプロテオグリカンのコアモチーフ(解説2-5)以外に，*per* に似た塩基配列は見つかっていなかったが，別の遺伝子との類似が見つかってきたのだ．1988年にCell誌に発表された，ショウジョウバエの胚(卵の中で発生中のハエ)の神経発生に関与する *single-minded*(*sim*)である．SIMは疑う余地なく核内ではたらいており，似た配列をもつPERも細胞間隙ではなく細胞の核内ではたらくことを連想させた．少し遅れて1991年には，哺乳類の核内ではたらくダイオキシン受容体*Arnt*にも類似配列が見つかりScience誌に報告される．現在では，*per-Arnt-sim*の頭文字をとってPASドメイン（解説2-5）とよばれている（p. 13図1下段）．ヤング博士にはさまざまな意味で関係深い因縁の配列となる．

揺れる学界

1986年からの数年間，時計遺伝子に興味をもつ研究者はヤング博士の細胞間連絡説にふりまわされた．世界中で検証実験が行われたが結果は一定しなかった．だからといって細胞間連絡説を完全に否定できるわけでもなかった．

この当時，私の共同研究先の九州大学の谷村禎一先生に，友人のホール博士から「*per*遺伝子をめぐるウソと本当」と題した小冊子が届けられている．おそらく世界中の主要な関連研究室にも送られたのだろう．ヤング博士だけでなくロスバッシュ博士や，ホール博士自身の秒単位のリズムに関するものも含めて，*per*についてのこれまでの実験結果に対する検証事例がまとめられたものだった．といっても，ホール博士自身はこれを公にしてヤング博士を追い詰めるつもりではなく，関連分野の研究者への注意喚起と，世界各国の研究室で独立に何度も日々繰り返されている無駄な検証実験の手間を省くことが目的だったようだ．検証実験といえども，上手く行かなかった実験を「検証実験に失敗」と対外的に発表することなど無いといってよい．極端には，隣の研究室で失敗した検証実験を，そうとは知らずにドアをはさんだこちらの研究室で繰り返していることすら起こりうる．細胞間連絡説の真偽は定まらぬまま，混沌とした状況が数年間続いた．

トップランナーの失脚

さまざまな反証が積み重なり，最後の最後に，後で述べるフィードバックループ仮説が提案されるに到り，ヤング博士の細胞間連絡説は瓦解した．ヤング博士も最初は粘った．が，1992年，ついにそれまでの活躍の場であったNature誌に，これまでの経緯の説明と該当論文の撤回記事を掲載．これは，言ってみれば公式謝罪文にも等しいものだ．

Nature誌の記事を見た誰もが，ヤング博士のノーベル賞受賞は未来永劫消え去ったと思った．時計遺伝子研究者の受け止め方は冷静だったが，他の分野では違った．ヤング博士は研究者としての命脈を完全に絶たれたわけではなかったものの，もしも現在の日本だったら失職してもおかしくないほどの，学界の大スキャンダルになった．「魔の研究分野」の都市伝説が再び人々の口にのぼった．今回は陰でささやかれるどころか大声だった．「君の分野はもう終わりだな」．記事を見て，わざわざ私に言いに来る異分野の研究者までいる始末だった．

解明の糸口

時代を少し遡り1988年，PERタンパク質に対する抗体を用いた免疫組織学的な研究(解説3-3)から，きわめて重要な知見がNeuron誌(解説4-1)に発表された．もちろんホール博士が主導．予想外の実験結果にありがちなことだが，はじめは実験者の手法不備によるミスすら疑われたようである．それほど意外な結果だった．

抗体を用いた免疫組織学的な研究では，染色された部域にターゲットのタンパク質(この場合はPER)が存在していると推測する．ハエの頭部で実験すると，昼に採取したサンプルでは染まらず，夜のものなら強く染まった．夜のサンプルで染まるといっても，染まり方がおかしかった．同じ細胞なのに染まる部域が一定しない．これに関しては後になって，夕方のサンプルでは細胞質だけが，明け方のサンプルでは核だけが染まることが明らかにされた．暗黒下のハエでも同様だったので，光に対する反応とも考えられない．とすると可能性は2つ．PERの量が時刻に伴い増減し，細胞内での局在(存在する場所)も時々刻々変化している可能性．あるいは，時刻に伴いPERタンパク質の立体構造が変わり，抗体との結合に差が出る可能性．いずれにしてもPERはなぜ変動しているのか．また，核の中で何をしているのか．核ではたらいているとすれば，まず思いつくのは遺伝子発現(転写)に関与している可能性だが，それにはDNAと結合する領域が必要．しかし，PERにはそのような構造はまったく見つかってこない．

隣のホール博士の研究室からもたらされた最新成果．ロスバッシュ研究室の博士研究員ハーディン博士(現・テキサス農工大学)に*per* mRNAの量的な変動を調査するテーマが与えられた．こういう場合の常道はノーザンブロット(解説3-4)．データはすぐに出た．その気で見れば，かすかに量的な変動があるようにも見えた．しかしまったく明瞭ではない．帯状に黒く汚れたバックグラウンドの中で，少しだけ濃くなった，輪郭のはっきりしない部分が*per*のシグナルのはずだった．いま以上に検出感度を上げるには気が遠くなるほど大量のハエからサンプルを調製する必要がある．しかし大量の試料を使えば，逆にデータのばらつきが増して変動を隠してしまうおそれもあった．ハーディン博士は試行錯誤しつつ何度も実験を重ねた．明瞭な結果は出ない．ついに，ロスバッシュ博士からノーザンブロットの中止が言い渡される．代わりに意外な方法が指示された．

必殺技——邪魔モノは消せ

RNase Protection Assay（しいて訳すとRNA分解酵素保護検出法；解説3-5）．ロスバッシュ研究室で酵母の遺伝子の転写産物に関する研究のために利用されていた方法だった．

1つの遺伝子から転写されてくるmRNAは必ずしも1種類ではない．選択的スプライシング（解説2-4）によって複数のmRNAが生み出される場合がある．1つの遺伝子からの転写産物なので，これらのmRNAの塩基配列どうしは非常に似ているが，エキソンという小領域のどれを含みどれを含まないかが微妙に異なる．RNase Protection Assayはその違いを高感度に判別するための方法．目的のエキソンだけを残して，関係のないRNAは酵素ですべて分解してしまう．相当に荒っぽく，使用にはテクニックとノウハウが必要だった．しかし，ロスバッシュ研究室にはこの方法を駆使してきた実績があった．

per mRNA全体の検出はあきらめ，いくつかのエキソンを代表として検出してみる．すぐに明瞭なリズムが見つかった．変動幅は10倍にも及んだ．ターゲット以外は，不必要になったプローブさえもすべて消し去る．完全に白く抜けたバックグラウンドに，*per*に由来するシグナルが，うっすらと，しかし明瞭な輪郭で浮かび上がった．超高感度で，サンプルも少量で済んだ．1時間おきに採取したハエからのサンプルを横一列に並べて観察する．夕方がピーク．朝は，ほぼゼロ．

PERタンパク質が量的に変動するのはその前段階である*per* mRNA量の変動で説明できる．では，何が*per* mRNAの量を変動させているのか．一歩前進したものの，ふたたび謎．

ところで，*per*の3つの変異体での転写リズムはどうなっているのだろうか．やはり19時間，29時間，無周期．一見は順当な結果が出た．しかし，つじつまが合わないことにハーディン博士はすぐに気づいた．*per*変異体での活動周期の異常はPERタンパク質の機能不全が原因のはず．タンパク質に翻訳される前の転写段階で，すでに周期に異常があるのは理屈に合わない．原因(タンパク質の機能不全)の前に結果(転写リズムの異常)が生じたことになる．

もちろん無理矢理な解釈は可能ではあった．体内時計に重要な役割を果たす，脳の一部がPERタンパク質の異常によって発生段階で形成不全を起こし，二次的に*per*の転写周期にも影響した可能性だ．実際，*per*に似た配列をもつ*sim*は神経発生に関与している．

しかし，いままでいくら探しても，無周期個体にすら脳の形態異常は見つかっていない．さらに，ホール博士主導で1988年にNature誌に発表した研究成果もあった．遺伝子工学的なトリックを使い，PERが発生に関係している可能性を否定したものだ．ホール博士らは，高温にさらした時のみ*per*の転写が活性化される組換え遺伝子を無周期系統に導入．歩行活動のリズムを記録しながら，ある時から突然ハエを高温にさらした．と，それまで無周期だったハエの概日リズムが回復をみせた．つまり，PERは行動にリズムが現れる時にのみ存在すればよい．それ以前の形態形成とは無関係と考えるのが妥当だ．

ハーディン博士はすぐに次の実験にかかった．3つの変異体の*per* mRNAの変動データに違和感をおぼえた次の瞬間にある仮説がひらめいた．それを検証できるのはリズムをレスキューした系統だ，とも．レスキュー系統は2つの*per*をもつ．1つは遺伝子導入された正常な*per*．転写リズムは正常で，正常に機能するPERタンパク質をつくる．もう1つはX染色体上にあって1塩基変異をもつ*per*．レスキュー前の転写は無周期だった．リズムがレスキューされた時にこれに何が起きるか….

こうして1990年，ついに，時計遺伝子のはたらきの謎と，概日リズム形成の謎を一挙に解明した決定的な論文がNature誌に掲載された．

フィードバックループ仮説

いま考えてみれば，あっけないほど単純な原理で体内時計は動いていた．PERの核内でのターゲット．それは*per*自身の転写だった．いまでは，時計遺伝子の転写翻訳ネガティブフィードバックループ仮説とよばれている．

以下では一挙に時代を飛ばし，現在の知見にもとづいて少し詳しく説明する．この後に続く時計遺伝子ストーリーを理解するためには，先に概要を知っておいた方がわかりやすいからだ．多くの研究者による成果の集大成である．

さて図2のように，夕方頃から細胞質に蓄積されてきたPERは夜半に核内に入る．核内のPERは，*per*自身の転写を制御しているプロモーター(解説2-6)に抑制効果を及ぼす．転写が抑制されて*per* mRNA量は減少し，翻訳されてくるPERの量が減る．核内のPERの量も減る．すると今度は転写抑制が解けて*per* mRNA量が再び増加しはじめる．PERが細胞質で蓄積され，やがて核内に入り….これが24時間周期で繰り返されることで，*per*の転写量やタンパク量にリズムが生じる．つまり，このループこそ概日リズムを生み出す原動力，というわけだ．

もちろん，1990年にはきわめてシンプルなモデルが示されたにすぎない．正常に機能するPERタンパク質は，レスキュー系統の

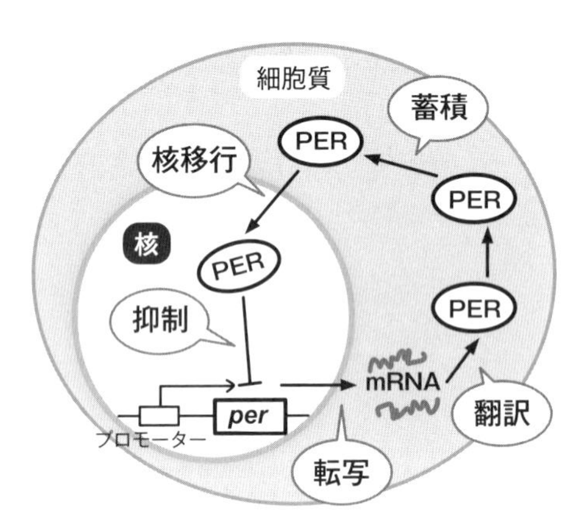

図2 *per* フィードバックループ

X 染色体上で 1 塩基変異を起こして眠っていた *per* の転写リズムさえ回復した．つまり，PER タンパク質から *per* 転写への自己フィードバックが存在するに違いない，という推測が示されただけだ．フィードバック制御が直接的なものか，何かの因子を介した間接的なものかもこの時点では解明されていない．のちに独り立ちしたハーディン博士がこれを解き明かすが，それにはさらに 7 年を要した．

さらに，上記のループ運行の説明だけでは多くの本質的な疑問が残る．どうして細胞質に蓄積されていた PER があるタイミングで核に入るのか．夜に核に入った PER は昼にはどうなるのか．どうやって環境リズムに同調するのか．

1990 年，フィードバックループ仮説はまだまだ穴だらけだった．その状況を見定めつつ，ヤング博士が復活の機会を狙っていた．

雌伏のとき

細胞間連絡説はブランダイス大学のグループによってさまざまな

角度から突き崩された．ヤング博士はショウジョウバエの発生学の分野にひとまず軸足を移す．*per* ともリズムともまったく関係のないテーマだ．しかし一方で，独自路線を歩む道を模索して，*per* に続く第2の時計遺伝子に賭けた．*per* だけではなく，必ず第2，第3の時計遺伝子が存在するはず．ライバルたちの目が向く前に先回りして一網打尽に，と早くから新たな時計遺伝子スクリーニングに着手していたのだった(ヤング博士談)．しかも *per* の存在する X 染色体ではなく，まだ手つかずの常染色体(解説1)をターゲットとした．

Nature 誌で論文撤回した1992年には，すでに候補となる変異系統をいくつか手にして捲土重来を狙う体制に入っていた．とはいえ，その1年前の1991年に，スクリーニングの経過報告(コラム aj42)を行った際は，学界からはほぼ無視された．すでに1990年にフィードバックループ仮説が大々的に発表されている．時計遺伝子に興味のある研究者の間では細胞間連絡説の誤りは確定的と判断され，ヤング博士の信用は完全に失墜していた．

第2の時計遺伝子

やがて1994年，ヤング博士は久しぶりの一流誌(Science 誌)への登場で，無周期変異体の分離成功を正式発表．遺伝子名は *timeless* (*tim*：時間をなくした，という意味．発音はティム)．しかも，同じヤング博士のグループの論文2報が同時掲載される快挙であった．翌年には同じく Science 誌に今度は3報連続して TIM の機能を解析した論文を叩き込んで完全復活をアピールする(3報のうちの最後は他の研究グループ主導の共同研究)．

TIM はいわば PER のボディガード兼エスコート役(図3)．細胞

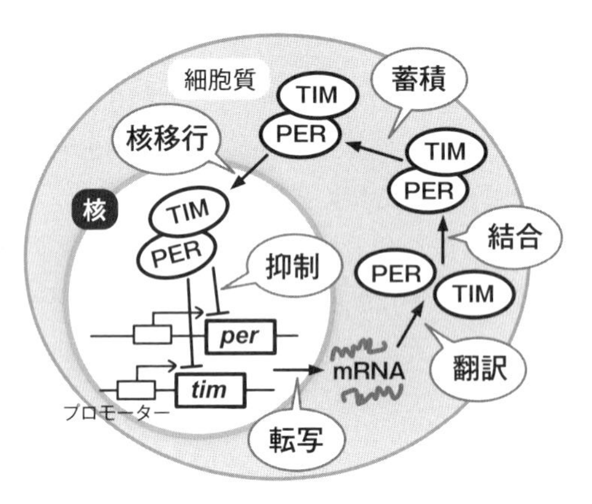

図3　*per/tim* フィードバックループ

質でPERと結合し，PERの分解を防いでいる．そしてPERはTIMなしでは核に入れない．夕方から夜半にかけてPERとTIMは活発に翻訳され，細胞質にPER/TIM複合体がどんどん蓄積．真夜中過ぎに，PER/TIM複合体は一挙に細胞質から核内へとなだれ込む．核移行だ．核の中でPERは自身の転写を抑制．フィードバック制御がはじまる．*tim*の転写も*per*同様にフィードバック制御を受け，転写量やタンパク量は*per*と完全に同期した概日リズムを示す．フィードバックループ仮説で不明だった箇所をみごとに補完する重要な発見であった．

コノプカ博士の残した*per*の長周期変異体の謎も一挙に解いた．長周期変異体でPERに起きたアミノ酸置換はTIMとの結合領域にあった．その領域とは因縁のPASドメイン．ここに1アミノ酸置換が生じることで微妙な構造変化が誘発され，PERとTIMの結合力が弱められる．これによって，PER/TIM複合体が形成されにくくなり，細胞質での蓄積が遅れ，ひいては核移行の遅れが生じる．

つまりフィードバックループの進行は間延びして，行動は長周期化．ヤング博士は汚名返上を果たす．

しかし，TIMの役割はこれだけではなかった．フィードバックループの光同調にも深く関与していたのである．しかし，この糸口が見えたのは2年後．詳しいメカニズムの解明にはさらに10年を要した．

*tim*の分離に触発されて世界各地で体内時計の新しいパーツ探しがはじまった．次の大激戦にむけての準備が着々と整えられていった．

コラム　aj42

*timeless*で最初に分離された無周期変異体．現在はtim^{01}とよばれている．01とは，周期のない(＝ゼロ)変異の1番目の意味．1991年の経過報告でのコードネームがaj42．おそらくスクリーニングを行ったアミタ・セーガル博士とジェフリー・プライス博士，2人のファーストネームのaとjの42番という意味だろう．とするとスクリーニングをはじめてすぐの分離ということになる．第2の時計遺伝子の栄冠に輝いた，まさにコノプカの法則の好例の時計変異体．

第3章　体内時計のパーツを探せ

転写振動を追え

1990年のフィードバックループ仮説の発表以降，ブランダイス大学のグループはこれに関する重要な知見を積み重ねていった．

1991年，*per*に転写リズムがあっても，必ずしもタンパク質レベルでの変動が生じるわけではないと判明．PNAS誌に報告された．それまではmRNAレベルの変動がそのままタンパク質の量的変動に反映される，と単純な図式で考えていたが，タンパク質レベルでのリズム形成には*per*以外の未知の因子が必要なことが示唆された．実際，PERタンパク質のピークは真夜中で，夕方にピークのある*per* mRNAよりも約6時間も後ろにずれ込んでいる．これらの解析結果は，すでに紹介したTIMや後に紹介するDBT，さらにはPERの周期的翻訳制御へとつながる道標となった．

1993年，PERタンパク質は*per*転写に対して直接的に抑制効果を及ぼすことが確定．EMBO誌(解説4-1)に発表された．PERを強制的に発現させ続ければ*per*の転写量が恒常的に減少することが，確定的な証拠となった．一方，抑制的な制御があるのなら，活性化の制御もあるはず，とも推測されたが，*per*の転写活性化についてはまったく不明．ここでも未知の因子の存在が予想された．フィードバックループを解明すればするほど，未知の時計遺伝子の影があぶり出されてくる．それも複数．ヤング博士の予想どおりの展開になった.

そして1994年，ヤング博士らの第2の時計遺伝子 *tim* の発表. 日本からも1994年 *Toki*(時)，翌年 *ritsu*(律)の分離が報告される(コラム *Toki*, *ritsu*). それまでも手をつけていなかったわけではないが，ブランダイス大学のグループも新規スクリーニングに本腰を入れ，猛追撃を開始した(第6章も参照).

コラム *Toki*(時)

1988年，私が大学院生の時に分離した系統. 日本初の時計変異体ということで *Toki* と名づけられたが，完全に名前負け. 結局，精密な遺伝子座決定には到らず，論文発表も1994年までもち越された. 約1000系統中780番目と遅めの分離.「ダメなものはいくらやってもダメ」とコノプカの法則を逆から証明してしまった残念な変異体.

変異を両親から受け継いでも(ホモ個体という)周期が1.5時間長くなるだけなのに，片親からだけでも(ヘテロ個体という)0.7時間ほど長くなるという，中途半端な性質(不完全優性という. *toki* ではなく頭大文字の *Toki* なのはこのため)が解析を一層難しくした. 周期が長いだけでなく夜間の休止期が極端に短く超短眠. さらに一定時間内の活動量も高い(常にフルパワーで動く)という性質もあったため「あくせく」「workaholic(仕事中毒)」というネーミング案も出たが，教授の鶴の一声で *Toki* に決定. でも，最初から名前負けしそうなイヤな予感が. その後の解析で，精子の鞭毛が動かず不妊になり，一部の個体では消化管のねじれ方が左右反転する，という奇妙な性質もわかったが，リズム異常との関係も調べずじまい.

コラム *ritsu*(律：音律，律動的の律)

1989年，山口大学のゴミ捨て場で採集した11匹の雌バエの子孫から分離された変異体. どうして自然界にこんな変異が存在していたかは不明. 分離したのは，当時，大学4年生だった村田武英博士(現・理化学研究所バイオリソースセンター). 野外のハエの調査をしていた彼は先輩の私に「せっかくだから系統化して歩行リズムも調べたら？」と勧められ，一発で大あたりを引く．「すごいモノはすぐに見つかる」．まさにコノプカの法則の典型例．でもその後の展開が *ritsu* にとっての不幸のはじまり．

村田君は別の大学院に進学してしまい *ritsu* 研究は中断．私も *Toki* その他の解析で手一杯．解析の空白期間が長引いた．この間にヤング博士らの *tim* が発表され，第2の時計遺伝子の栄冠も日本語ネーミングの機会も逃す．1994年から私が解析を引き継ぎ，環境温度を上げると周期がずるずる延びることに気づいた．きわめて変わった性質で，1日が48時間になる個体も出現．さらに驚いたことに *ritsu* 系統は *tim* 遺伝子に変異をもっていたことも判明する．いまでは tim^{rit} とよばれている．研究の中断がなければ，第2の大物時計遺伝子は日本から報告されていたかもしれない．とても悔しいスーパー変異体．

ループの終着点

ハーディン博士は独立後もPERがフィードバック制御を行うための染色体上のターゲット配列を追い続けた．

1997年，フィードバックループ仮説から7年，ついにターゲット配列を発見．*per* 遺伝子のプロモーター(解説2-6)内の，わずか69 bp(bpとは塩基対．DNAやRNAの長さの単位)の塩基配列．この配列さえ人工的に付加すれば，時計遺伝子とは何の関係もない遺伝子でさえハエの体内で転写リズムを示すようになった．*per* と同じフィードバック制御を受ける *tim* のプロモーターにも同様のターゲット配列が見つかった．さまざまな比較からターゲット配列のコアとなる領域は，最終的にたった6 bpの共通配列にまで絞り込まれた．

E-box(イーボックス)．基本的にはCACGTGというDNAの6文字をいう．この発見がリズムとは別の研究分野の知見とつながった．一般的にE-boxにはbHLH(ベーシック・ヘリックス・ループ・ヘリックス)ドメイン(解説2-5)をもつタンパク質が結合し，転写を活性化することが解明されていたのだ．しかもbHLHタンパク質は2個がドッキング(二量体化)した状態でE-boxに結合することも知られていた．

*per*や*tim*のE-boxに結合するタンパク質はこの時は未同定ではあったが，この因子にPERが直接的に作用して抑制効果を及ぼすと考えればPERにDNA結合ドメインがなくてもつじつまが合う．これでひとまず，*per*フィードバックループの運行の追跡は一巡した．すなわち*per*の転写変動にはじまり，タンパク質レベルでの量的変動，TIMによる周期的な核移行を経て，E-boxに結合する未知因子への抑制作用．

体内時計の本質は，*per*転写に関するフィードバックループと確定した．次の課題はこのループに関与する因子の同定．

大豊作の年

1998年はショウジョウバエの時計遺伝子の研究分野にとって大豊作の年になった．戦場をCell誌に移し，相次いで新たな時計遺伝子の分離と解析が報告されたのである．この背景には，数年前からのNSF(National Science Foundation；米国国立科学財団)の多額の研究助成によってアメリカのリズム分野が潤った影響も大きかった．ハエの分野では，豊富な資金を背景に大規模な新規時計遺伝子スクリーニング合戦が展開された．

まず5月号にブランダイス大学のグループから，*per*や*tim*の転写を活性化する*Clock*(*Clk*)と*cycle*(*cyc*)の同定が2報同時に発表された．*Clk*はロスバッシュ博士主導，*cyc*はホール博士主導．

同年7月，今度はヤング博士らがPERをリン酸化する酵素をコードする *double-time*(*dbt*)についての論文を，これも2報連続で報告．リン酸化というタンパク質の翻訳後修飾がPERの核移行の謎を解くカギであることがつきとめられた．

さらに，11月号では再びブランダイス大学のグループが活躍．これも2報同時掲載で，ハエの単眼や複眼ではなく，細胞内に存在し，直接，青色光を受容するクリプトクロムという分子についての機能解析であった．遺伝子の同定はロスバッシュ博士主導，変異体を用いた研究はホール博士主導のみごとなコンビネーションにより，フィードバックループがどのように光サイクルに同調するかが解明された．

21世紀を待たず，体内時計のコアとなるメカニズムの概要はほぼ解明されたことになる．以下ではひとつひとつのストーリーを紹介したい．

ループの原動力

E-boxが見つかったことで，*per*や*tim*の転写の活性化因子はbHLHドメインをもつことが容易に想像できた．しかしbHLHドメインをもつタンパク質をコードする遺伝子は多数．ハエのゲノム解読はすさまじい勢いで進展していたが，特定の未知の遺伝子をゲノム情報だけから探し当てられるほどの成熟には到っていなかった．

ブレイクスルーは少し意外なところからもたらされた．マウスのリズム研究である．1994年．ベンザー博士の手法をマウスに適用し，時計変異体*Clock*マウスが分離された．アメリカのジョセフ・タカハシ博士(当時ノースウェスタン大学．現・テキサス大学)らによるものだ．彼らはその後3年という短期間で，1997年，ついにその原因遺伝子の塩基配列の決定に成功する．当時の技術レベルでは，ハエはともかく，マウスでのこういった解析(ポジショナルクローニングとよばれる)は至難の業と考えられていたが，それをやり遂げたのである．マウスの *Clock* 遺伝子は，驚いたことに PAS ドメインに加えて bHLH ドメインをもつタンパク質をコードしていた．

ポジショナルクローニングの困難さは，以下のようなたとえ話で表される．直径 15 センチの的(まと)をたくさん用意する．1 つの的ごとに DNA の 4 つの塩基 A，T，G，C(解説 2-3)の中から 1 文字を選んで書く．これを一直線にマウスのゲノムの総塩基数である 26 億個並べると，ほぼ地球から月までの距離．この中のたった 1 つの 15 センチの的が目的の変異である．組換え価などを用いてまず遺伝子座をしぼる．きわめて精密に行えば，地球から月までの間の 30 km 程度の範囲(20 万個の的の並び)に狙いをつけられる．あとは矢を放って目的の的を正確に射抜く．これがタカハシ博士たちの成し遂げたことである．第 2 章でノーベル賞の 3 氏が競った *per* の 3 つの変異の同定にもこのたとえ話はあてはまる．もちろん，染色体異常系統やさまざまなテクニックを突出して駆使できるハエだから成立した早業．マウスでは 20 世紀末でもきわめて困難な作業であった．

マウス *Clock* の塩基配列解読も大詰めとなったちょうどその頃，ロスバッシュ研究室でハエの新たな無周期変異の遺伝子座決定を行っていたのがラビ・アラーダ博士(現・ノースウェスタン大学)．そこにタカハシ博士らのマウス *Clock* 遺伝子の情報が入った．即座にブランダイス大学ではハエにも似た遺伝子があるかが調べられた．それが何とアラーダ博士の変異体の遺伝子座に一致(コラム *Jrk*)．さらに調べてみると，彼の変異体ではその遺伝子の途中に塩基の欠落が生じ，遺伝子の後半部分がタンパク質に翻訳できなくなってい

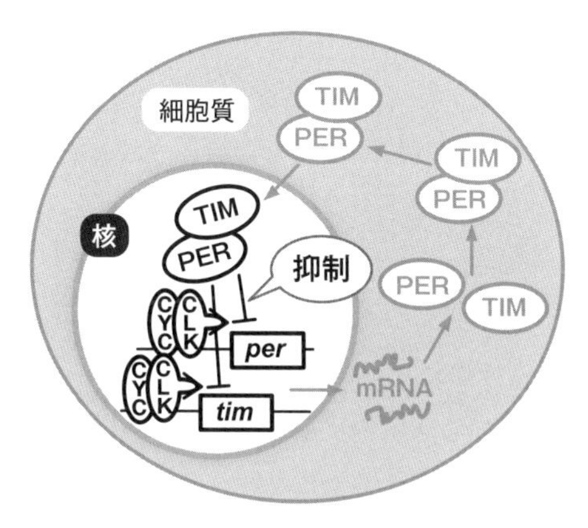

図4 *Clk*/*cyc* の作用

ることがわかった．失われた領域には，別の遺伝子に作用して転写活性化を行うドメインが．

偶然はさらに重なる．マウス *Clock* に似た遺伝子は，ハエではもう１つ見つかった(マウスでも翌年発見された．第7章参照)．そして，そのもう１つの遺伝子は，隣のホール博士の研究室でルティラ博士が解明に取り組んでいた無周期変異の遺伝子座に重なった．ルティラ博士の遺伝子は *cycle* (*cyc*) と命名される．CYC は極論するとPAS ドメインと bHLH ドメインしかもたないタンパク質．全身のいたるところで発現し，時刻による量的な発現変動もなかった．

ここから予想されたのは，CLK と CYC がドッキング(二量体化)して，*per* や *tim* のプロモーター領域の E-box に結合．CLK タンパク質の後半領域が *per* や *tim* の転写の活性化にはたらくという仮説である．実際にそのとおりと実験で確かめられた(図4)．

PER によるフィードバック抑制は，CLK/CYC による転写活性化への干渉作用で生じるのだった．現在ではこの詳細も解明されている．PER タンパク質が核移行後に CLK/CYC に結合．E-box から CLK/CYC を物理的に引きはがす．イメージ的にたとえれば，ビール瓶のフタの王冠(CLK/CYC)を栓抜き(PER)で抜く感じを思い浮かべるとわかりやすい．

コラム *Jrk*(ジャーク)

最初に分離された，無周期の *Clk* 変異体．解析を行ったアラーダ博士は感染症の医師からリズム研究者に転身．医療現場ではないのに“アラーダ医師”では変なので，本書ではアラーダ博士とさせてもらった(英語ではどちらもドクター・アラーダ)．

アラーダ博士はアメリカの航空王ハワード・ヒューズが設立した財団(ハワード・ヒューズ医学研究所)の研究医助成金でロスバッシュ博士の研究室に赴くが適当なテーマが決まらなかった．そこで彼は系統保存室にあった1ビンを適当に選び，その遺伝子座の決定に取り組むことにした．大規模スクリーニングで選別されたが誰も注目しなかった系統の1つで，よび名さえなかった．*Jrk* という名前は映画好きなアラーダ博士がコメディ映画のタイトル「The Jerk」(邦題「天国から落ちた男」．Jerk は「変な奴」を意味する英語のスラング)からつけたコードネーム．主人公が調子はずれな(つまりリズムが変な)ダンスを踊ることから．私は観てないけど．

たまたま手にした1ビンが大当たり．しかも最も手間のかかる遺伝子解析は，折よく入手したマウスの遺伝子情報をもとにゲノムデータベースをパソコン検索一発．あっさり解決．もちろん，アラーダ博士による遺伝子座決定の努力はあったとしても，信じられない何重ものラッキーに支えられて世に出た変異体．しかし，マウス *Clock* のハエ版なので *Jrk* という名は遺伝子の正式名称からは消えてしまった．ところがその後，アラーダ博士自身により *Clk* 遺伝子に関する2番目の無周期変異体 Clk^{AR} (AR は無周期 arrhythmic の頭文字)が分離され，区別がややこしくなった．そこでハエの研究者の間では最初の変異体はまだ *Jrk* とよばれている．

核への通行証

Clk に続いて1998年に報告されたのが，PERをリン酸化する酵素をコードしている*double-time*（*dbt*）．*per*，*tim*，*Clk*，*cyc* は無周期になる変異体が最初に分離されたが，*dbt* では短周期になる変異体が最初に分離されたためマーチングバンドの「倍速演奏」にちなんだ命名となった（ヤング博士談）．DBTもCYC同様に量的な変動は示さない．

DBTはPERの特定の複数の場所に順番にリン酸基を付加していく．PERに限らず，タンパク質の翻訳後修飾としてよく知られた現象で，ヒトがアクセサリーをつけたり，化粧をしたりするのに似て，こうしたタンパク質修飾のちょっとした違いがタンパク質のはたらき方や他のタンパク質による認識のされ方などに違いを生む．

PERのリン酸化がある程度進むとPER/TIM複合体が安定に核内へと移行できるようになる（図5）．DBTもPER/TIMとともに核内に入りPERをさらにリン酸化．過剰にリン酸化されたPERは最終的には分解される．つまり，DBTはPERにリン酸化修飾という核への通行証を付与して核移行のタイミングを決めるとともに，フィードバックループの一巡の終結をも促す因子であった．自らは変動しないものの，PERを通して体内時計の24時間の進行を制御している．

ヤング博士らは徹底的なスクリーニングによって，長周期および無周期の *dbt* 変異体も分離．*per* と同じく長，短，無周期の3点セットで発表した．最初に分離した短周期変異体ではDBT酵素の変異によりPERが過剰にリン酸化されていた．これによりPERの核移行のタイミングが早まり分解も速い．すべてが前倒しでループが速く一巡する．一方，長周期変異体ではDBT酵素のリン酸化能力

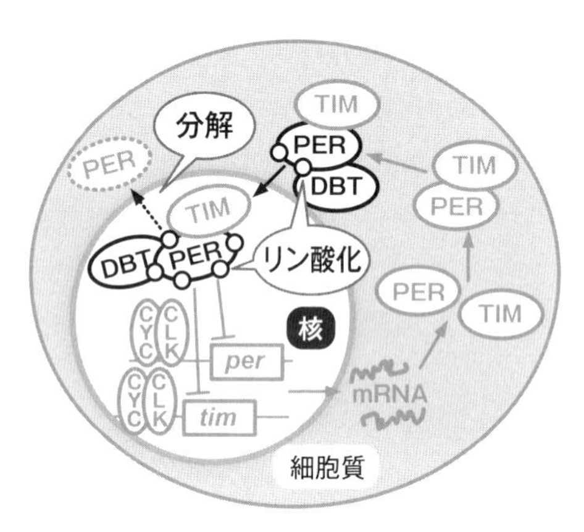

図5　DBTによるPERリン酸化

が弱くなっていた．PERのリン酸化は徐々にしか進まず，核移行のタイミングも遅れ，ループの進行はゆっくり．リン酸化の能力が失われた変異体ではPERの核移行が起きずループは停止．行動が無周期になる一方，細胞質にはPERが分解されずに蓄積され続けた．ここでもヤング博士はフィードバックループ仮説の未解明部分をみごとに補完する成果を出し，完全に名誉挽回を果たす．

コノプカ博士の3つの*per*変異体の中で，最後まで残っていた謎が短周期変異体だった．この謎もDBTの発見でようやく解かれた．PERの短周期変異体のもつアミノ酸置換は，DBTによるリン酸化を受けやすくするものだった．核移行のタイミングは早まり，核内でのPERの分解も前倒しで進む．これにより行動リズムの短縮が起きていたのだった．一般的に，周期の変化した変異体では環境に24時間リズムがある場合でも，何かの行動をはじめるタイミングが早すぎたり(短周期変異の場合)，遅すぎたり(長周期変異の場合)の異常がみられる．詳細は省くが，これもPERの核移行のタイミングのずれやフィードバックループの運行速度のずれで説明される.

DBT発見の余波は意外なところにも波及した. DBTは酵素としてはカゼインキナーゼのⅠε(イプシロン)に分類される. 機能はよく似ているが, タンパク分子としては別物のカゼインキナーゼⅡは複数のタンパク質(サブユニット)から構成される. この中で, まずαサブユニットが体内時計に関与していることが2002年にNature誌で報告された. *Jrk*分離後に独立したアラーダ博士のグループの研究による. 翌2003年にはβサブユニットの関与も判明. こちらは1980年代に*per*のクローニングをヤング博士の研究室で担当し, その後独立したロブ・ジャクソン博士のグループ(ボストン, タフツ大学)からの報告. ジャクソン博士は, コノプカ博士とその大学院生が分離した*Andante*という変異体を長年研究していたが, 明瞭な結果が得られず行き詰まっていた(コラム *Andante*). ところが, カゼインキナーゼⅡβ(*CKⅡβ*)の遺伝子座が*Andante*と重なったことで一挙に解析が進んだ. DBTの発見は, コノプカ博士の残した*per*とは別の時計遺伝子の謎を解く契機にもなったのである.

コラム *Andante*

コノプカ博士と大学院生によって分離されたX染色体上のリズム変異体. アンダンテとは音楽用語で, 緩やかな演奏速度. もちろん長周期変異体. 1970年代に分離されたが, 論文発表は1991年. コノプカ博士をホール博士が説得して発表にこぎ着けた. まぎれもなく第2の時計遺伝子だが, その称号は1994年発表の*tim*に譲った形. しかし, *Andante*の悲劇はそれだけではない.

ジャクソン博士は1983年から解析に取り組み, まずは遺伝子座を決定した. そこには翅に関する2つの変異遺伝子*dusky*(日暮れ)と*miniature*(ミニチュア)が. その名のとおり, *dusky*は翅が薄黒く,

miniature は小さい.「おおこれか！ でも，どっち？ それにしても翅とリズムに何の関係が？」とジャクソン博士はこの染色体領域の解析を行うが，決定打は出ない．塩基配列を決定したり，この領域で新しい変異をスクリーニングしたり 1997 年までねばった．実に 15 年．それでもハッキリしない.「時計遺伝子に関わると，やっぱり，ろくなことにならない」と都市伝説がささやかれた．

dbt の発見がブレイクスルー．いまでは $CK\,II\,\beta^{And}$ とよばれている．*dusky* と *miniature* のすぐ隣にある遺伝子だった．変異体の分離後十数年間は論文発表されず，解析がはじまっても正体は 20 年間謎．展開は超アンダンテ状態．コノプカ博士が残した，本当はナンバー 2 の時計遺伝子．

隠れた（クリプト）光受容色素（クロム）

1998 年，最後に登場した大物時計遺伝子は光受容体クリプトクロム（*cryptochrome*; *cry*．クライ）．CRY はもともと植物の光屈性（光の方向に茎が曲がる現象）に関与する分子として同定されていた．構造的には，紫外線を受けて DNA の傷をなおす光修復酵素に似ているものの DNA 修復能はない．キャッチするのもハエや植物の場合は青色の波長の光．哺乳類の CRY にいたっては光受容能すらないが，体内時計に重要な役割を果たしていると翌 1999 年に判明した．

これに先立つ 1996 年，体内時計の光同調メカニズムに TIM が深く関与することが 3 グループからほぼ同時に発表されていた．1 日を争う激烈な競争だった．3 月 8 日 Cell 誌，同 14 日 Nature 誌，同 22 日には Science 誌．順に，*tim* の発見後にヤング博士の元から独立したアミタ・セーガル博士ら（ペンシルバニア大学）．続いてロスバッシュ博士ら．最後は *tim* の本家ヤング博士らによる研究成果．永遠のライバルに加えて師弟対決の末，光同調メカニズムの一端が判明した.

すなわち，光照射によって細胞内ではTIMタンパク質の速やかな分解が生じ，PER/TIM蓄積量が変化する．これがフィードバックループの進行状況に影響し，最終的には体内時計の時刻リセットにつながる，というものである．しかし，単に試験管内のTIMに光を当てただけでは分解は起きなかった.

では，何が光をキャッチしているのか．それがどのようにTIMの分解と結びつくのか，が次の課題となった．他のグループも続々参戦し，ハエだけでなく哺乳類や植物の研究者も入り乱れ，さらに激しい競争となった．わかっているだけで，ハエでは5グループが殺到した．さらにCRYが最初にクローニングされた植物分野からはスティーブ・ケイ博士ら(カリフォルニア，スクリプス研究所)が参戦．哺乳類では，ヒトCRY1，CRY2を1996年に発見したDNA修復酵素の大家，アメリカはノースカロライナ大学のサンジャル博士が，マウス*Clock*のタカハシ博士と強力タッグを組んだ(サンジャル博士はDNA修復機構の解明により2015年のノーベル化学賞を受賞)．再び1日を争う死闘となった.

CRYが光同調に関わる証拠を最初に示したのはケイ博士らの植物での研究．1998年11月20日Science誌に発表された．が，同25日にはハエでの成果がブランダイス大学のグループからCell誌に2報出される.

実は私たちも参戦していた．着手は最も早かったといえる．1995年に京都大学の藤堂剛先生(現・大阪大学)は，すでにハエの*cry*遺伝子をクローニングしており，また私も遺伝子断片を得ていたことから共同研究に発展．私たちの投稿論文は，1998年11月13日にはNature誌編集部から手応えのあるコメント(解説4-2)をもらう.

が，追加実験中に上述の植物およびハエの論文が公開されてしまった．Nature 誌は新規の話題にしか興味はない．Cell 誌にハエの論文が出た翌日，審査は打ち切られた．慌てて別の雑誌に論文を送るが翌年送り．11 月終わりと翌年 1 月 4 日発行でも歴然とした評価の差となった．変異体を分離できなかったのが敗因のひとつだった．

体内時計の時刻合わせ

さて，まずは CRY によるフィードバックループの同調機構を 1998 年以降の知見も含めて説明する．基本になるのは，光を受けた CRY が TIM と結合し，両方ともすぐに分解されることだ．この一連の反応はどの時刻でも例外なく起きる(図 6)．

ここからは図 7 を見てほしい．まずは環境の時刻が急に後ろにずれた場合を考えてみる．夜のおとずれはいつもより遅い．フィードバックループの進行からは，PER/TIM が細胞質に蓄積中の夜の早い時刻にもハエはまだ光を浴びている．光受容した CRY は TIM に結合し，CRY も TIM もただちに分解される．PER/TIM の細胞質での蓄積量は，蓄積の始まる夕方の時刻の量にまで減少．体内時計は巻き戻され，後ろにずれた環境リズムに対する同調が成立する．

一方，環境の時刻が前にずれた場合，日の出が予定より早く来る．フィードバックループの進行からすると，PER/TIM は核内で自身の転写に抑制をかけている最中だが，光を浴びて早々に分解してしまう．転写に対する抑制効果は消え，予定よりも早く次のループが始動する．つまり，体内時計の時刻は進められ，前にずれた環境リズムに同調する．

昼間は PER も TIM もほとんど発現していない上に，CRY も光を受けて分解し続けるため体内時計には何の変化も起きない．こう

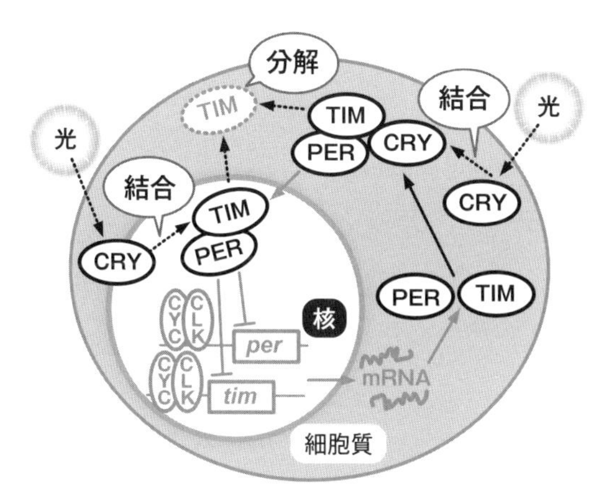

図6　CRY による光受容と TIM の分解

してみごとに光同調が説明される．

後日談ながら，私たちは翌1999年もCRY解析を続行．ところが，新たなデータが揃いはじめた同年7月，早くもケイ博士がScience誌に次の成果を叩き込んだ．しかも彼の専門の植物ではなくハエのCRYの解析だった．光同調メカニズムの骨子である，光受容したCRYがTIMに結合し，その後に両方とも迅速に分解されてしまう現象が明示された．培養細胞を用いた，私たちよりもエレガントな証明実験には脱帽するほかなく，私たちは成果を論文にまとめぬままに完全撤退を余儀なくされた．ケイ博士は1998年のCell誌のホール博士主導の*cry*変異体解析の陰の立役者でもあった(第6章参照)．植物，ハエ，マウス，培養細胞，後述するマイクロアレイ実験，何でもこなすケイ博士の多才ぶりは，その後もイヤと言うほど思い知らされることとなる．時代はホール，ロスバッシュ，ヤングの3強独占から群雄割拠の状態へと移り変わりつつあった．

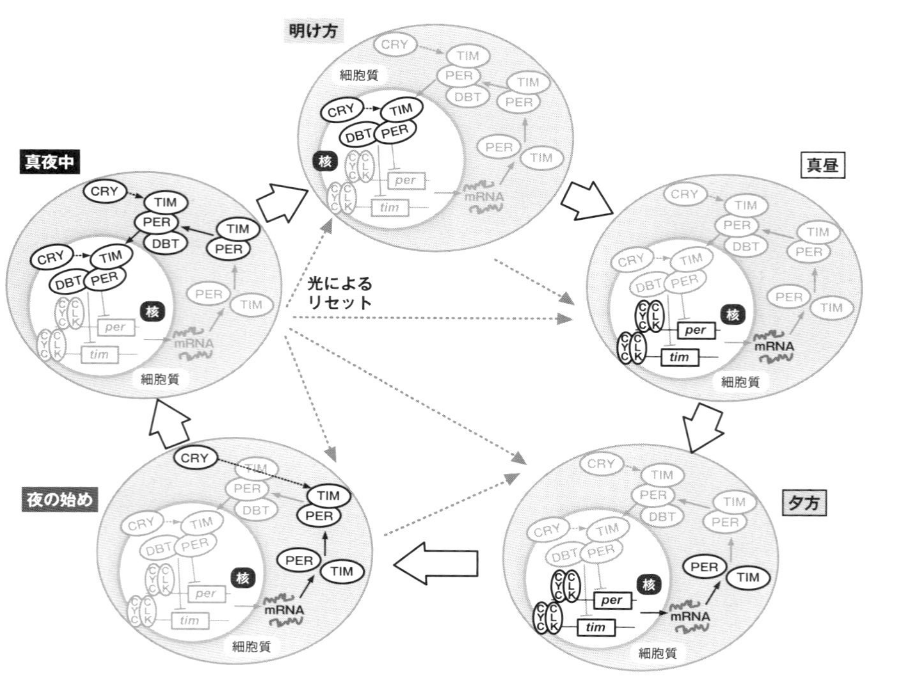

図7　CRYによる光同調

哺乳類のCRY研究は予想外の展開になった．CRYが光受容というよりもフィードバックループを構成する重要因子である証拠が1999年になって，次々と報告されたのである．CRY1もCRY2も機能できなくしたダブルノックアウトマウスが行動の周期性を完全に失うことが観察されたのがきっかけとなった．一連の報告の中で最もインパクトのあったのは粂和彦先生(当時ハーバード大学スティーブン・レパート博士の研究室．現・名古屋市立大学)によるCell誌の論文．哺乳類ではCRYがTIMの代わりにPERのパートナーをつとめていたのである(第7章参照)．

CRY研究では時計遺伝子の研究史上はじめて，1つの時計遺伝子にさまざまなモデル生物の研究者が殺到．新世紀の新しい研究競争の先取りとなった．

ちなみに，ショウジョウバエでは，単複眼および幼虫単眼の痕跡構造(H-B eyelet：p. 76図10)からの光情報によっても光同調が起きる．日の出，日の入りの時刻にゆるやかに微妙に変化していく照度変化はそれらで感じ取り，強烈な照度変化はCRYで，という役割分担があることが解明されつつある．

第4章 ゲノム解読の余波

新世紀

西暦2000年，20世紀最後の年，ついにショウジョウバエの全ゲノム配列の解読がひとまずの完了をみた．これに先立って，解読の終わったゲノム領域は順次データベースへと登録されていった．ゲノム情報を誰でも自由に研究に活用できる新時代の到来．これにはインターネットや高性能パソコンが普及した影響も大きかった．時計遺伝子の研究分野も猛スピードで新時代に突入し，新規研究手法，ニュータイプの研究者たちが続々となだれ込んだ．

研究の進展に拍車をかけたのはゲノム解読の余波だけではなかった．ショウジョウバエ以外の生物，特に哺乳類での時計遺伝子研究が爆発的な勢いで進展しはじめたのである．それまでのハエの時計遺伝子研究は常に最先端を走っていた．もちろん，限られたテーマでの散発的な局地戦では後れをとることもあったが，全般的に俯瞰すれば常に他の生物でのそれを圧倒し続けてきた．この隆盛にも翳りが見えはじめた．CRY解析はその前ぶれとなった．

哺乳類での研究について，ここでは時代背景の理解に役立つ概略だけを記す．1997年，哺乳類の*Per*遺伝子(哺乳類の遺伝子表記は頭大文字のイタリック)が同定された．日本のグループ，またアメリカのゲノム解読のグループから報告が相次いだ．同年，タカハシ博士らのマウス*Clock*のクローニング(第3章参照)．そのパートナー

Bmal1 も 1998 年に報告された．1996 年，1999 年の哺乳類の CRY 解析については前章でふれた．2000 年には再びタカハシ博士らが活躍．ハムスターでは自然発生的な短周期変異体 *tau* 系統が 1988 年に発見されていた．この原因遺伝子がハエの *double-time* と同じくカゼインキナーゼの一種をコードすることを解明したのである．わずか 4 年でこの進展．

さらに 1998 年には，スイスのウリ・シブラー博士らが，哺乳類の培養細胞では適切な条件を整えることで概日リズムを観察可能と報告する．これにより哺乳類の研究者たちは，ハエよりも迅速かつ容易に，生化学的実験や遺伝子操作の行えるリズム検証系を手にすることとなった．ハエもマウスもヒトも一部の臓器がはたらかなくなるだけで個体の死に直結する．ところが培養細胞は細胞自身が死滅しない限り，かなり過酷な条件でも実験可能．発生や形態形成とも無縁．後述する逆遺伝学的解析とも相性が良い．きわめて強力な実験系が哺乳類の時計遺伝子研究に導入された．

体内時計の研究は純粋な学問的興味以外に，医療にどれほど貢献するかが重視される傾向が強い．つまり，ハエでの発見を哺乳類で検証し医療に応用するのはありだが，その逆ではほとんど意味をもたない．哺乳類に先行してこそハエで研究する意義がある．この時期，時計遺伝子研究とはまったく独立に，かたわらではマウスやヒトでのゲノム解読もおそろしい勢いで進展していた．この上，哺乳類のリズム研究者がゲノム情報を自由に扱える状況になれば….

予想外に速い展開に，ショウジョウバエの時計研究者たちは次々と新たな研究手法を導入．時計遺伝子探索に一層邁進した．目標はすべての時計遺伝子をいち早くハエで同定しつくすこと．競合相手は，もはやハエの同業者だけではなくなった．哺乳類や植物の研究者も仮想敵として先手必勝の気運がみなぎっていた．

逆遺伝学

遺伝子解析技術が発展しゲノム情報が自由に扱えるようになると，「逆遺伝学」的方法とよばれる研究展開が盛んになった．これまでとは逆に，まず遺伝子の塩基配列に目をつけ，変異体の分離や行動への影響解析は後で行う，という展開である．時計遺伝子研究に限れば，それまでに同定された主要な時計遺伝子のほとんどは転写レベルが昼夜変動していた．ならば新たな時計遺伝子を見つけるには，転写レベルが変動している遺伝子を先に同定するのが近道，という考え方が出てくるのは当然であった．一方，ベンザー博士らの伝統的な研究手順は「順遺伝学」的方法とよばれるようになった．

逆遺伝学的な方法論で突き進むことで同定された最初の大物時計遺伝子は，ヤング博士らが1999年Cell誌に発表した*vrille*(*vri*．ブリ；フランス語で錐(きり)．致死変異体の形状から)である．ディファレンシャルディスプレイという方法が用いられた(解説3-7)．すぐ後に紹介するマイクロアレイによる遺伝子探索が行えない当時にあっては，転写レベルで変動している遺伝子群を手当たり次第に(つまり網羅的に)効率よく見つけ出すための，数少ない手段のひとつであった．

逆遺伝学的発想で得られた点だけでなく，*vri*にはそれまでの時計遺伝子にはない大きな特徴が2つあった．時計とは別の機能で発見されていた既知の遺伝子であったこと，そして，両親から変異を引き継いだ個体(ホモ個体)が致死になることである．*vri*は発生に不可欠な遺伝子としてすでに報告されていた遺伝子だったのである(実際には，*dbt*の無周期変異体もさなぎで致死になる．後に*dbt*は，発生遺伝子*discs overgrown*と同じものと判明した)．変異体が発生途中で死んでしまうと，羽化リズムや活動リズムの計測はできない．このため，*vri* の時計遺伝子としての真の機能は Cell 誌に掲載された第1報ではやや見当違いな方向で議論されてしまう．いまから考えれば，逆遺伝学的解析の最大の弱点もすでに露呈していたことになる．一方，時計遺伝子の変異が時計以外での作用を介して致死をまねくこともあるという事実は，変異体分離からはじまっていたこれまでの順遺伝学的な方法論では，多くの取りこぼしが生じている可能性を想起させ，逆遺伝学的方法論が一層脚光を浴びる契機にもなった．

順遺伝学 vs. 逆遺伝学

ところが，*vri* 変異は同時期に私も順遺伝学的に分離していた．ただしスクリーニング方法は変則的．そうでなければ致死を誘発する時計遺伝子は見いだせなかっただろう．

1997 年 12 月，前述した NSF の援助によりサンフランシスコで行われた日米のリズム研究者の会合．ヤング博士らは逆遺伝学的な方法を用いたため，遺伝子の塩基配列や発現リズムに関しては詳細なデータを有しているが，*vri* が体内時計にどのように関与しているかの機能面での推測は弱かった．私は順遺伝学的に変異体を得たため機能的な推測に勝るが，遺伝子座や変異部位の完全決定には到っていなかった(コラム　127/＋)．

共同研究の話し合いはまとまらず激突は必至となった．しかし私は *vri* の解析続行を会合後しばらくして断念．同時期に着手していた CRY 研究が第 3 章で述べた大激戦に発展したことが背景にあった．所属研究室でリズムに携わっていたのは私 1 人．二面作戦は不可能だった．形式的には順遺伝学が逆遺伝学に敗れた時計遺伝子最初の事例になってしまった．

後日談ながら，さすがのヤング博士も *vri* を Cell 誌に発表するまでに会合からまる2年を要した．やはり逆遺伝学的な手法では遺伝子機能の正確な推測は難しく，第5章冒頭で述べる新手法導入に時間を要したためだ．しかも結局のところ，*vri* の遺伝子機能は最初の論文では少々見当はずれな方向で議論されてしまったのは前述のとおりである．*vri* の真の機能が解明されるのは4年後，2003年までもち越される．その機能は私の予測すらはるかに超えて，リズム形成に深く関与するものだった．

コラム 127/＋

日本で順遺伝学的に分離された *vri* 変異体のコードネーム．/＋という記号がついているのは，片親からは正常な(＋で表される)遺伝子を受け継がないと発生途中で致死だから．なぜそんなモノを見つけられたかというと，スクリーニング方法にミソがある．コンセプトをイメージで表すと「ジェンガ」(積み上げられた木片を1本ずつはずし，崩したら負けのゲーム)．まずは体内時計をある変異で不安定化．そこへもう1つ別の変異を誘発．2番目の変異の影響は小さくても，不安定化したジェンガは触れただけで崩れたり(無周期化)，うまい木片の抜き方で安定化したり(127/＋の場合)．tim^{rit} 変異体では行動異常の強さを温度でコントロールできることを利用したトリックだった．約4000系統スクリーニングした中の127番目なのでコノプカの法則が当てはまるかも．発想は面白かったのに諸般の事情で陽の目をみなかった，とばっちり変異体．

超新星の登場

ゲノム解読の進展は，企業には新しいビジネスチャンスをひらいた．遺伝子の研究分野でマイクロアレイといえば，遺伝子の相補配列をプローブ(解説2-2)として碁盤の目のように並べたモノをさす．

通常はスライドガラスの上に数十から数百個の遺伝子に対するプローブが点々と配置されている．GeneChip はアフィメトリクス社が開発したマイクロアレイの一種．しかし対象とする遺伝子数がそれまでのものとは桁違いだった．当時，ハエで存在が予測された遺伝子数はおよそ 1 万 3600．そのすべてに対するプローブが切手程度の面積の基板上に高密度に集積された製品だった．

まだその新製品が市場に出るか出ないかの西暦 2000 年の暮れ，ロックフェラー大学への留学から戻った私は東京大学医学部の大学院生，上田泰己（ひろき）さんから共同研究を申し込まれた．当時の上田さんは大手製薬会社の研究所の研究員も兼務．私との共同研究中に，大学院生でありながら理化学研究所チームリーダーに就任．その後，30 歳代で母校の東大医学部に教授として迎えられた．そんな彼もまだ体内時計のコンピュータシミュレーションの研究が主体で，時計遺伝子に関する本格的な実験経験はなかった．

目標はすべてを調べつくす

上田さんの計画は，時刻ごとにハエの頭部で発現している転写産物を採取．GeneChip を使ってどの遺伝子がどの程度発現しているかを調べつくす，というものだった．もし実現すれば，そのデータは時計遺伝子研究の世界を変えるインパクトをもつと予想された．

ただし問題は GeneChip の値段．当時 1 枚 20 万円以上．一緒に実験計画を練ってみると，100 枚を超える GeneChip が必要とわかった．購入費用だけでも大学院生の上田さんと大学助手（当時九州大学）の私にすぐにどうにかできる金額ではない．しかし上田さんには目算があるという．「予算は何とかします．（時計遺伝子の研究の）世界を変えられるとわかっていて，実験計画も立てたんだから，やるしかないですよね．わくわくしますね～」．

前述したように，当時の上田さんは大学院生でありながら大手製薬会社の研究員も兼務していた（すでにこれが普通のことではない）．彼は研究所の上司と話し合って資金を調達．技術的アドバイスを求められる人材にもコンタクトした．時代はちょうどIT系産業の著しい勃興が報じられる頃．上田さんのイメージは，IT会社を起業した颯爽としたやり手の若社長と重なって見えた．

遺伝子の乱舞

私は大量のハエを飼育．暗室で4時間ごとにハエを捕獲し，頭部だけを採取して特殊な溶液内ですりつぶす．精製した転写産物を冷凍で上田さんの待つ研究所に急送．

サンプルがまとまったところで一挙に上田さんがGeneChip上での反応を行い，逐次，遺伝子発現量を読み取っていく．すべてのデータが揃ったところで，コンピュータを使った解析で発現にリズムがあるかを統計計算で割り出す．データを見ながら，私と上田さんで次のプロジェクト用にめぼしい遺伝子の絞り込みも開始．すべては怖いほど順調で迅速に展開した．最初の結果はすぐに得られた．

予想外に多くの遺伝子が周期的に発現していた．当時，ハエで既知の時計遺伝子は7個．ハエで推定されていた全遺伝子数は約1万3600個．GeneChipデータから成虫の頭部で発現しているのは約6000個とわかった．そのうち，明暗環境で発現変動があったものは約700．暗黒でも変動し続けたのは100個あまり．多くは*per*のフィードバックループに制御され，体内のさまざまなリズムを整えるいわゆる出力系の遺伝子と思われたが，既知の時計遺伝子数の7個に比べて，文字どおり桁違いの数だった．

ところが，発現変動があった700個の遺伝子すべてが*Jrk*変異体の中では振動を失っていた．遺伝子発現のリズムに関しては，*Clk*がすべての原動力とみて間違いないことがGeneChip実験の一撃でハッキリした．

さらに思いがけない発見もあった．染色体上で近い位置にある遺伝子どうしなら，機能はまったく違っても，きわめて似たパターンの発現変動を示すことが多かったのだ．染色体の特定の領域ごとに，多くの遺伝子を巻き込んで広範な発現制御が起きていることを示唆していた．E-boxを介しての*per*や*tim*に対するピンポイントな発現制御とは明らかに違う．それまでの私は，染色体のイメージを遺伝子が数珠つなぎになった静的な構造体として捉えていた．その染色体の各部が脈動しながら数百個の遺伝子がはたらくことで体内に流れる1日の時間を作り出す．そんな動的なイメージに圧倒された．GeneChipでなければ得られなかった成果だ．

上田さんはさらにデータベースとコンピュータを駆使して，遺伝子どうしの相互作用や機能推定の情報にもとづき，どの遺伝子がどの遺伝子の変動に影響しているかの関係性まであぶり出していく．遺伝子どうしの織りなす複雑な相関図のようなものが描きだされた．いまで言うビッグデータ解析のイメージに近い．

2001年の七夕，論文原稿が完成．最後の点検を終えて9日にはNature誌に投稿．上田さんと私はすぐに次のプロジェクトへの最終準備にかかった．自信があった．ところが….

そびえ立つ壁

GeneChipを用いた網羅的な時計遺伝子検索も水面下では大激戦となっていた．結論的には，この勝負を制したのもロスバッシュ博士ら．着手している気配すら気取らせない隠密行動だった．2001年10月25日，Cell誌の電子版．紙媒体での出版に1か月先行して突然の発表．続いて11月20日，ヤング博士のグループからもNeuron誌に．

私たちは3番手になった．Nature誌からは掲載を却下された．発表も2001年には間に合わなかった．経緯を述べると，私たちの論文はNature誌での審査に2か月を超える長期間を要した(通常は2週間ほど)．それでも編集部から9月18日に手応えのある返事．ちょうどその頃．発表論文に付された投稿日付からすると，ロスバッシュ博士らは9月20日，ヤング博士らは10月16日にそれぞれの論文を上記の雑誌編集部に送ったようだ．もちろん私たちは知る由もない．論文査読(解説4-2)で指示された追加実験を開始していた．GeneChipでは大量の遺伝子を一挙に扱う．遺伝子の発現量や特性によって定量性に偏りが出ていないことを一般的な手段で証明するように，とのコメントに応えるためだった．

飼育条件を整え，新たにハエを増殖．ハエといえどもすぐには増えない．飼育にも細心の注意がいる．2週間以上を要した．暗室で4時間ごとにハエを捕獲しRNAを精製．その後，発現量の多いもの，少ないもの，昼にピークのあるもの，夜ピークのものなど，異なる特徴をもつ40-50個ほどの遺伝子の発現パターンをすべて定量的PCR(解説3-6)で調べ直した．結果はもちろんGeneChipのものと一致．しかし作業量は膨大だった．それでもひと月せずに作業を終えて論文の改訂に移る．急ぐに越したことはない．

その矢先——．ロスバッシュ博士らの論文の電子版が公開された．私たちの改訂稿はNature編集部にはもう相手にされなかった．あわてて他誌に投稿し直す．このような状況下でも，同じ論文を同時に複数の雑誌に投稿することは許されない．科学界のルールのひとつ，二重投稿の禁止(解説 4-2)．順次あたっているうちにヤング博士のグループの論文までが．こうなると2強による論文のインパクトは大きすぎた．4誌までねばったが，一流商業誌(解説 4-2)の門はすべて閉ざされ，時間だけが浪費された．私はCRYの時と同じ轍を踏んだ．

撤退と反撃

商業誌がダメなら学会誌しかない．学会誌では，話題性よりも確実な成果かどうかが評価される傾向が強い(解説 4-2)．思い切り内容を削り込んだ短編で勝負に出た．上田さんがコンピュータを駆使して予測した遺伝子どうしの相関図も切り捨てざるを得なかった．実際にハエの体内でこの関係性を証明してみせろ，と難問を突きつけられる可能性があったからだ．論文内容は計測データが並ぶ，無味乾燥な骨と皮だけになった．

すでに欧米はクリスマス休暇．日本は年の暮れ．編集部も休暇に入った．さらに，年が変われば二番煎じの烙印．タイミングを逸すれば論文発表すらできなくなる恐れもあった．

上田さんは，おそらく人生初めての敗北感を噛み締めつつ，それでもすかさず次の目標に向かった．彼の真の目標は最初から，哺乳類ですべての時計遺伝子を同定することだったのである．まずは時計遺伝子の動態が詳細に解明されているハエをターゲットに研究．GeneChipでの時計遺伝子同定のテストケースを走らせることで，作業や解析のノウハウを蓄積する．私との共同研究がこれにあたる．その間にマウスのゲノム解読が進み，それにもとづいてマウスのGeneChipが開発されるのを待つ．そこで一挙に勝負，という，科学界や産業界の発展まで見越した大戦略であった．私も当初からその計画は打ち明けられていた．所属する製薬会社の研究所とのさまざまな交渉も哺乳類まで含めた成果を前提としたものだったようだ．

マウスのGeneChipが世に出るや否やの2002年8月，上田さんらの哺乳類での時計遺伝子の網羅的解析の論文がNature誌に掲載された．同年4月にはアメリカやイギリスのグループから手製のマイクロアレイによる哺乳類の時計遺伝子の解析論文は出ていた．しかしGeneChipは規模がまるで違う．さらに上田さんたちは培養細胞を用いた機能解析による検証まで加えていた．シブラー博士らが1998年に発表した，哺乳類での必殺技．壁として立ちはだかる者すらいなかった．これ以降，哺乳類だけでなく時計遺伝子研究の世界そのものが大きく変わっていく(第7章参照)．

同着の5グループ

ハエのGeneChipに話をもどす．私たちの論文は2002年の2月にJBC(生化学)誌で電子出版された．さらに5月にはポール・タグハート博士ら(ワシントン大学)の論文がPNAS誌に．11月になるとスティーブ・ケイ博士(CRYの項で登場)らの論文がJNS(神経科学)誌に．3グループは2002年に学会誌，2強は1年先行して商業誌で発表という結果となった．

しかし大変に異例だが，ハエの時計遺伝子のGeneChip論文と言えば年をまたいでこの5報が横並び引用されるのが常である．それでも，この分野にあまり馴染みのない人には，2001年の2報だけが引用される傾向が強い．実例を挙げると2017年末でのそれぞれのGeneChip論文の被引用回数(解説4-1)は，ロスバッシュ博士422回，ヤング博士306回，私たちは200回，タグハート博士149回，ケイ博士230回．被引用回数は，その論文が分野に与えたインパクトの大きさに比例すると言われる．専門分野では同等扱いの5報でさえこの違い．なぜ研究者たちが先陣争いをするか，ハッキリとわかる数字だ．

5報それぞれに特徴のある解析だった．なかでもケイ博士らは発現変動を見つけた遺伝子の1つでリズム変異体の分離まで行っていた．さすがにケイ博士．規模はまるで違うが，上田さんと私がハエでの次のプロジェクトとして狙っていたのがまさにそれだった．

上田さんはこのすぐ後，理化学研究所に自分の研究室を立ち上げ，哺乳類の時計遺伝子解析で忙しくなった．次々に重要な解析知見をつみかさね，トップへの階段を駆け上がっていく．しばし別行動で私はハエのプロジェクトを続行．対象は発現に周期振動を見いだした100個以上の遺伝子．遺伝子1個1個を解析していたこれまでとは次元が違う展開が待ち受けていた．

第5章 ループの織りなす時間

生かさぬよう，殺さぬよう

逆遺伝学的な解析の最大のネックは，ターゲットの遺伝子が生体内で予想どおりに機能していることをどう証明するかにある．言い換えれば，その遺伝子の変異体でどんな異常が観察できるかがカギだ．しかし，変異体が発生途中で死んでしまえば行動異常は観察できない．しかも個体の発生や生存に不可欠な遺伝子が行動にも影響する場合は多い．例えば *vri*．

ポスト・ゲノム時代(ゲノム解読終了後の時代)を迎え，ショウジョウバエの研究分野では逆遺伝学的な解析にマッチする2つのスクリーニング法が注目された．1つは遺伝子の強制発現系．もう1つはRNA干渉(解説3-9)による遺伝子発現のノックダウン．

時計遺伝子の場合，強制発現系の考え方は単純だ．狙った遺伝子を本来の発現レベルを超えて大量に発現させ続ける．遺伝子は発現しており，致死は回避可能とひとまずは考えられる．しかし一方，もしも周期的な発現がフィードバックループを回す歯車になっている遺伝子なら，大量の強制発現で周期的な変動を消してしまうことにより，行動リズムには異常が期待できる．実際，ヤング博士らの *vri* 解析でも用いられ，周期延長が観察された．周期的に発現していない *double-time* のような遺伝子の場合でも，過剰発現によって行動異常が誘発される可能性が期待できる．

時計タンパク質の寿命

vri の同定以降，ヤング博士らはさまざまな遺伝子に対して大規模な強制発現スクリーニングを実施した．見つかってきたのが *shaggy*(*sgg*；シャギー)．2001 年に Cell 誌に報告された．TIM をリン酸化する酵素(キナーゼ)である．*sgg* は動物の発生や生存にも不可欠で，変異体は致死となる．強制発現スクリーニングだからこそ見つけられたといえる．

sgg を強制発現させると周期の短縮が生じた．*double-time* の変異によって PER のリン酸化が促進された場合にも周期の短縮が生じる(第 3 章参照)．つまり，PER，TIM のどちらが過剰にリン酸化されてもフィードバックループは速く進むことになる．PER/TIM が一体ではたらいていることがここからもうかがえる．

PER や TIM では過剰なリン酸化が分解の引き金．では，その分解メカニズムはどのようなものか．PER の分解に関与する *slimb*(スリムブ)遺伝子については 2002 年にフランスとアメリカの 2 グループが大激戦を繰り広げ，Nature 誌に相次いで報告している．SLIMB は F-box というドメイン(解説 2-5)をもつタンパク質．細胞内の不要物の掃除役のユビキチン分解系へと PER を誘導する．

TIM の分解については，CRY を介した光同調メカニズムから解析が進展した．まず，光反応には CRY の末端部分が重要な役割を果たすことが 2000 年に植物で明らかにされた．翌 2001 年にはハエでも同様と判明．さらに 2006 年 Science 誌で光による TIM の急速な分解に関わる *jet-lag*(*jet*；ジェットラグ．英語で“時差ぼけ”の意味)が同定された．JET も SLIMB と同じく F-box ドメインをもち，ユビキチン分解系に関与している．光受容した CRY も，TIM と同じく JET の作用で光照射からわずか 15 分で分解されることも，少し遅れて判明した．*jet* の同定はセーガル博士，CRY 分解メカニズムはサンジャル博士らによる成果．ともに 1996 年の着手(第3章参照)から 10 年．息の長い研究もひとまずの終結をみた．

ループを回す第2のループ

per/tim を周期的に転写する CLK は時計の原動力．一方で，*Clk* の転写にも午前中をピークとするリズムが当初から見つかっていた．となると，このリズムはどうやって生じるのかが疑問になる．

Clk が発見された翌 1999 年には，早くもハーディン博士らがそれを指摘．*per/tim* のループ以外に *Clk* も独自の第2のループを形成している可能性を Nature 誌で議論している．しかし，その実体はまったく未知だった．そこに GeneChip の解析結果がデータベースで公開された．

2003 年，ついに *vri* の真の機能が明らかになった．まず1月には，ハーディン博士らが，VRI タンパク質が *Clk* 転写に抑制的にはたらくことを Neuron 誌で発表．続いて同2月．*vri* を分離後，ニューヨーク大で独立したジャスティン・ブロー博士のグループから，*Clk* 転写を制御する第2ループの詳細に関する報告が Cell 誌に出された．*Clk* は，VRI と PDP1(PAR domain protein の1番目．コラム *Pdp1ε* も参照)の2つのタンパク質によって交互に転写制御されていることが明らかになったのである．

図8のように，*vri* と *Pdp1* の転写は *per/tim* と同じく E-box を介して CLK タンパク質に制御されている．この面で CLK が時計の原動力であることに間違いはない．一方，PDP1 タンパク質は *Clk* の転写を活性化し，逆に VRI タンパク質は抑制する．この活性化と抑制には時間的なラグがあり，VRI の方が 12 時間近く先に

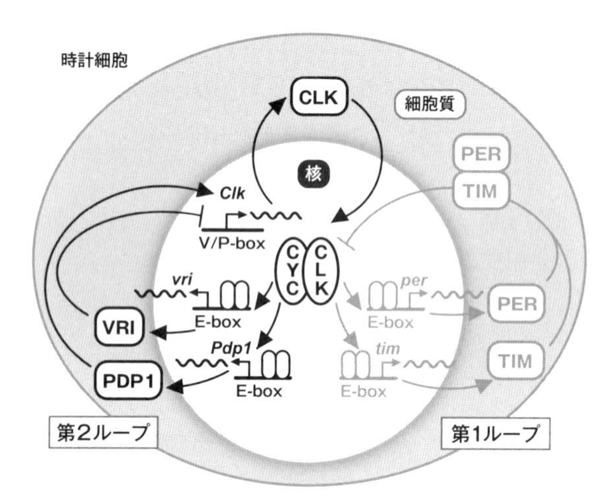

図 8　*Clk/cyc* の第 2 ループ

はたらきはじめる．1 日の時刻では，夕方になると VRI によってそれまで活発だった *Clk* 転写が抑制されはじめ，夜間を通じて低レベルだった *Clk* 転写は，明け方になると PDP1 によって再び上昇しはじめる．つまり，第 2 のフィードバックループだ．

タンパク質の構造からすると，VRI は DNA に結合するための bZIP ドメイン(ベーシック・ロイシンジッパー；解説 2-5)だけをもち，PDP1 は bZIP に加え転写を活性化する PAR ドメインももっている．

皮肉なことにブロー博士は私たちの GeneChip データを独自分析し，以前から VRI との構造的な類似性で怪しいと睨んでいた PDP 1 が大正解との確証を得たらしい．その上でハーディン博士と古巣のボスのヤング博士を共同研究に誘うことに成功．さらにイリノイ大学の発生学の研究チームとも共同研究体制を組んで *Pdp1* 変異体を入手した．発生にも重要な *vri* や *Pdp1* はその方面からの解析も進んでいたのだった．

これが明暗を分けた．当然私たちもGeneChip解析を通して*Pdp1*に注目していたが変異体は得られず(コラム　*Pdp1ε*)試行錯誤は長引いた．そこにブロー博士が重厚な布陣の共同研究体制で*Pdp1*解析に着手との情報．私は傷が浅いうちの撤退を決意する．変異体の存在が明暗を分けるとCRY解析で懲りていたからだ．1997年の*vri*に続き，*Pdp1*でも敵前逃亡の不戦敗を喫してしまった．

コラム　*Pdp1ε*(ピーディーピーワン・イプシロン)

名前の元になったPARドメインとは，プロリン(Proline)と酸性(acid)アミノ酸が多い(rich)領域(ドメイン)という意味．他の遺伝子の転写の活性化にはたらくドメインだ．

*Pdp1*遺伝子座からは選択的スプライシングで最低でも13種類の転写産物が生じる．その中でもリズムに効くのはεタイプのみ．なぜ，こんな器用なことが起きるかは，いまも未解明である．

複雑な転写制御の*Pdp1*なので，εタイプにだけ影響を与える変異体を分離することは相当に難しいと予想された．*Pdp1*を下手に傷つけると致死が誘発されるためだ．2003年のブロー博士らの論文でも片親だけから変異を受け継ぐ個体(ヘテロ個体)を使った綱渡りの解析が行われている．

ところが2009年になってεタイプだけ壊れ，しかも生き残る変異体があっさり分離された．セーガル博士らが新しい無周期系統を調べていたら，原因遺伝子は*Pdp1*の遺伝子座近く．ためしに*Pdp1*遺伝子の塩基配列を調べるとεだけに影響する小さな塩基欠落が．

この変異体は行動も普通と違う．普通はリズム変異体でも明暗環境では明るい時に動いて暗い時は休む．リズム変異体が本領発揮するのは，時刻の情報がわからない暗黒におかれた時だ．ところがこの変異体は，昼，夜，暗黒，おかまいなしに無周期をつらぬく頑固もの．光を感じないわけでもない．人智を超えた精妙な不思議を垣間見られるピンポイントな変異体．

量より質

Clk の第 2 ループは *per/tim* ループとは明瞭に異なる性質をもつことが後に判明した．*Clk* 転写に周期性がなくとも CLK タンパク質のリン酸化レベルの変動さえあれば体内時計の運行には支障がないという性質だ．第 2 ループは量的な振動よりも，リン酸化レベルという質的な変動が重要，と言い換えられる．転写翻訳フィードバックループ仮説からは完全に逸脱してしまう考え方だが，これが意外にあっさりと学界に受け入れられた背景には，他の生物での時計遺伝子研究の成果も絡んでいた(第 7 章参照)．が，まずはハエでの研究だけに焦点を絞って解説を続けよう．

ことのはじまりは 2003 年の Cell 誌．アラーダ博士(*Jrk* を同定)のグループからの不思議な報告だった．本来は体内時計とは関係のない組織であっても，*Clk* 強制発現を行えば，*per/tim* の転写リズムさえも新たに生み出せる，というものだった．第 2 ループの転写翻訳レベルでの振動はないのに，コアループの転写振動が新たに生じるのはなぜか．波紋をよんだ．

この謎は 2006 年から 2009 年にかけてハーディン博士のグループなどによって段階的に解かれていった．CLK タンパク質はリン酸化を受けることで，他の遺伝子の転写を活性化できるようになる．これは，すでにハーディン博士らが 2002 年に Neuron 誌で報告していた．これに加えて，PER と同じく過剰なリン酸化で CLK が分解されてしまうことが謎を解くカギだった．

メカニズムを順に追うと，まずは強制発現された CLK により *per/tim* が発現．数時間かけて細胞質に蓄積された PER/TIM は DBT とともに核移行し，E-box から CLK/CYC を引きはがす．フィードバック抑制だ．その後，PER，TIM，CLK は過剰にリン酸化され，ついには分解．この間もフィードバック抑制は続く．PERが分解されつくす頃，強制発現で蓄積されていたCLKには新たに適度なリン酸化状態が生じており，CYCと二量体化して再びE-boxに結合する．再び*per*/*tim*が発現し…というステップが繰り返され，結局，*per*/*tim*のループが回転するのだった．

よほどのことがない限り，一度回りはじめたフィードバックループは完全停止しない仕組みとなっている．第2ループは，CLKの周期的なリン酸化と分解により，体内時計に頑強性(安定にはたらき続ける性質)を付与している，とも言い換えられるかもしれない．

遺伝子をノックダウン

遺伝子の強制発現スクリーニングとともに注目された逆遺伝学的スクリーニング手法が，RNA干渉による遺伝子ノックダウンである(解説3-9)．ショウジョウバエでは，狙った遺伝子の発現量を正常の3割まで低下させられる．*per*/*tim*の発現量が3割に低下すれば，行動異常を生じるには充分．しかも，遺伝子発現を完全になくすわけではない．また，遺伝的なトリックを用いれば，狙った細胞群で狙った発生時期に(つまり時期組織特異的な)ノックダウンの誘発も可能．要するに致死を回避しやすいと，さまざまな観点から期待が集まった．

2001年，私たちがGeneChip解析をはじめたちょうどその頃，三菱化学生命科学研究所の上田龍先生(現・国立遺伝学研究所)がハエの全遺伝子を1つずつ対象としたノックダウン系統の作製を開始したという情報を得た．最終的には研究者が自由に使用できるように公開予定で，この系統ライブラリが完成すればこれまでのような変異系統の確立手順すら不要になると期待できた．しかし，完成までに長い年月を要するのは言うまでもない．

私たちはすぐに共同研究を申し入れ，リストアップした遺伝子から優先的にノックダウン用の系統を作製していただけることになった．GeneChip 解析の目途がついた頃である．それからの数年間，GeneChip 解析で注目した遺伝子を時計細胞（第 6 章参照）で順次ノックダウンするスクリーニングを私は続けた．

第 3 ループ――時計じかけのオレンジ

すぐに手ごたえがあった．2002 年の夏には，ある転写因子の解析を開始．最終的に *clockwork orange*（*cwo*；発音はクォ）と命名されることになる遺伝子である．しかし解析には最初から苦戦．データベースのゲノム情報に誤りがあったためだ．逆遺伝学的解析の前提条件が崩れ去ったに等しい．自力で転写産物とプロモーター配列を解析し直した．同様の作業に，*per* 遺伝子では 1980 年から 1997 年までを要したが，私 1 人でも数か月で終了できたのは，まさに技術進歩のおかげと言うほかない．

CWO は bHLH ドメインと ORANGE ドメイン（果物のオレンジとは無関係でオレンジ博士の発見にちなむ．このドメインをもつタンパク質どうしはドッキングして二量体を形成）をもつことが確定．その矢先の 2002 年 10 月，北海道大学の本間研一，本間さと先生のグループから哺乳類の新たな時計遺伝子 *Dec1*，*Dec2* の報告が Nature 誌に掲載された（第 7 章参照）．*cwo* ときわめて似た構造の遺伝子だった．哺乳類に先を越された形になったが，それでもハエでの *cwo* 解析を続行．スクリーニングも続けた．私たちは，このプロジェクトを GeneChip 解析と大規模ノックダウンスクリーニングを連携させた，網羅的な逆遺伝学的解析のモデルケースと位置づけていたためだ．

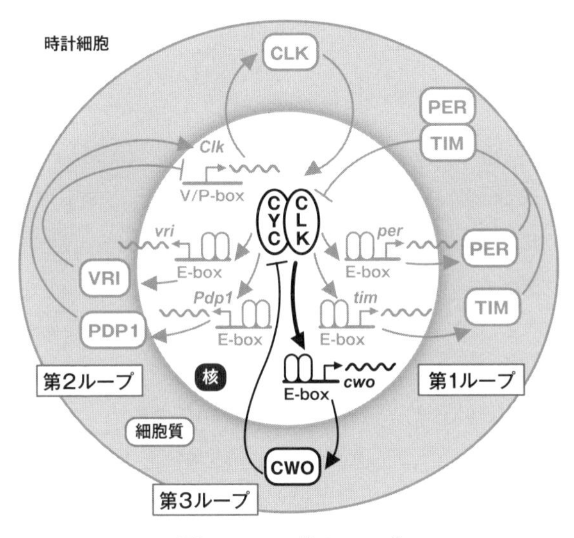

図9　*cwo* の第3ループ

cwo はそのプロモーターに複数の E-box をもち，CLK によって周期的に転写されていた．*per/tim* や *vri/Pdp1* と共通の制御である．一方，CWO タンパク質は *cwo* 自身および *per/tim* や *vri/Pdp1* の，どのプロモーター上の E-box に対しても抑制効果を示した．

第3のフィードバックループだった(図9)．しかも，CWO は PER/TIM とは異なり，直接的に DNA(E-box)に結合でき，CLK/CYC と E-box をめぐって競合した．さらに，CWO は時計遺伝子以外の E-box にさえ強力に作用することもわかった．最終的には上田さんの研究室で CWO が実際に結合しているゲノム上の配列をすべて調べつくした．これにはゲノム・タイリングアレイという最新の方法が使われた．ハエの全ゲノム配列に完全対応するように短いプローブ(解説 2-2)を敷き詰めたマイクロアレイで，GeneChip に続くゲノムレベルでの新たな網羅的解析デバイスであった．

CWO は，PER/TIM によって CLK/CYC が引きはがされた後の E-box に強力に結合．CLK/CYC の再結合を邪魔することでフィードバック抑制にメリハリをつけるのが，その役目と推測できた．時計遺伝子以外の E-box にも強力に作用するため，コアループが生み出した時刻情報を，他の遺伝子に伝達する出力系の役割も果たしている可能性も考えられた．

2006 年 12 月に Nature 誌に投稿．その頃までに私たちに追いついてきたロスバッシュ博士のグループおよびアラーダ博士のグループも同時投稿となった．今回の審査も待たされた——．

2 か月後，3 グループとも掲載不可との裁定が下った．この当時，体内時計は複数の時計遺伝子が織りなす「生体システム」として捉え直されつつあった(第 7 章参照)．私たちの論文でも GeneChip 解析と連携した大規模ノックダウンスクリーニングで一挙に 5 つの新規時計遺伝子候補を同定し，論文タイトルには時計遺伝子の「機能ゲノミックス解析」と謳った．ゲノム情報を利用した解析結果を，遺伝子の機能解析へと連携させる研究展開のモデルケースという主張だった．しかし，いま考えれば，詳細な機能解析を *cwo* のみに絞ったのが禍(わざわい)した．時代が求めていたのはシステムレベルでの謎の解明への糸口や方法論だった．もはやフィードバックループ仮説の範疇内で新しい時計遺伝子を発見し，機能を解明する程度では充分な話題性のない時代に突入していたのだ．しかも ***Dec1***，***Dec2*** が哺乳類で報告されたのは，すでに 4 年前．ハエの研究は最先端を走ってこそ，である．

ロスバッシュ博士と私たちは，彼の提案する専門誌に同時に論文を送り直した．アラーダ博士は単独で別の雑誌を狙った．3 グループとも2007年内に発表にこぎ着けることはできた(コラム *clockwork orange*).

体内時計を構成するフィードバックループは*per*/*tim*ループ1つだけではなかった．少なくとも3つのループがたがいに絡み合って遺伝子発現を制御しあうことで，ハエの体内で時を刻んでいたのである．24時間の周期的振動を生み出す*per*/*tim*のコアループ．それにメリハリをつけ，振動を増強する第3ループ．第2ループは原動力でもあり，またシステムに頑強性をもたらす．

なぜこれほど入り組んだループ構造が必要なのだろうか．逆に，ループ構造は3つだけで充分なのだろうか．なぜ，ショウジョウバエではこのループ構造が選択され進化してきたのか．システムレベルでの明確な答えは，2017年末の時点では出ていない．

コラム　*clockwork orange*

スタンリー・キューブリック監督の「時計じかけのオレンジ」(アンソニー・バージェスによる同名の原作小説は，邦訳 早川書房刊)にちなんで映画好きのアラーダ博士が命名．オレンジドメインをもつ時計遺伝子だったため．ネーミングの面白さも手伝ってか，発見の報はYahoo! ニュースのヘッドラインを飾ったが，これに到るまでに遺伝子名は二転三転している．

私は最初，ゲノムのデータベース情報から*stich1*という遺伝子と思っていたがデータベースが間違い．コードネーム*CG17100*という転写産物と*stich1*遺伝子が混同されて登録されていた．誤りを自力で正した直後，哺乳類の時計遺伝子*Dec*(デック)が発表された．そのハエ版なので*Drosophila DEC*(*dDEC*＝ディーデック：*Drosophila*はショウジョウバエの学名)と超地味に命名．一方，私たちとは独立に解析をはじめたカデナー博士は10番目の時計遺伝子なので祖国の英雄*Maradona*(アルゼンチンのサッカー選手．背番号10)と名づけようとしたが，ロスバッシュ教授の反対でボツ．結局，これまた独立にこの遺伝子の解析に着手していたアラーダ博士の案が全員一致で採用されたという経緯．

第6章　時計遺伝子の第2の謎

体内時計はどこにある

コノプカ博士の時代から*per*には2つの謎があった．ひとつは*per*が「どのようにして」ハエの体内で時間を刻んでいるのか．答えは，多重のフィードバックループによる時計遺伝子の周期的な発現制御にたどり着いた．

もうひとつの謎は，*per*が「どこで」はたらいているのか．体内時計の所在をめぐる謎である．この謎は，2017年現在でも完全には解かれていない．この章では，どこまでが解明され，どこからは不明なのかを研究史をたどりながら解説したい．

*per*変異体が分離された1970年代から80年代前半には，答えはまったくわからなかった．最初にその謎に挑んだ人物は他ならぬコノプカ博士．原理の詳細は省くが，雌雄モザイク法という遺伝的なトリックを使って*per*変異の作用部位を脳と推定．また*per*の短周期変異体の脳を無周期変異体の腹部に移植することによって，短周期リズムのレスキューにも成功している．ただし，この移植実験は技術的に難しすぎるためか誰も結果を再現できず，定説には到らなかった．さらに言うと，誰もが*per*の作用部位が脳であることは予想していた．脳の「特定のどの領域か」の答えが求められていたのである．いま思えば，その問いがそもそも間違いと言えなくもない．

1980年代中盤，*per*の塩基配列が解読されると，その相補配列をプローブ(解説2-2)にして*per* mRNAの発現組織が調べられた(解説3-8)．ここでもロスバッシュ博士とヤング博士の間で激しい競争があった．*per*が神経系で発現しているという結果は両者一致したが，詳細な部位決定には到らず，データの信憑性も低いとされた．当時，*per*の発現量が昼夜変動することはまだ知られていない．実験の行われる日中には*per*の発現は少ない．そんなサンプルを用いて明瞭な結果が得られるはずがなかった．

いたるところ，時計だらけ？

状況が変わったのは1988年(ちなみにPERの核移行もこの年に発見された)．ブランダイス大学のグループによる，レポーター遺伝子を用いた観察からである．使われたレポーター遺伝子は*per*−*lacZ*融合遺伝子．*per*のプロモーターから翻訳開始点付近までのDNA配列に大腸菌の*lacZ*遺伝子を人工的に連結したものだ．*lacZ*遺伝子はβgal(ベータガル)という酵素をコードしており，酵素反応で組織を青く染めることができる．このように，遺伝子の挙動，つまり，どこで，あるいはどの発生時期にはたらいているかをレポートしてくれる人工遺伝子をレポーター遺伝子とよぶ．*per*−*lacZ*レポーター遺伝子を，動く遺伝子(解説3-2)を介して染色体に導入．*per*プロモーターの機能している組織，すなわち*per*発現組織が青く染め分けられた(βgalタンパク質は核移行しないので染まるのは細胞質のみ)．当時は誰も気づいていなかったが，PERと違ってβgalは分解されにくく昼夜変動しないことも幸いした．いつ誰が実験しても再現性よく明瞭な結果が得られた．しかし，ここでも研究者たちの予想は裏切られた….

胚(卵の中で発生中のハエ)の神経系，さなぎや成虫の脳の一部が染まった．ここまでは予想どおり．成虫の胸部の神経系，これもまだ理解できた．が，他にも，頭部では複眼，触角，唇弁(口)．胴体では胃や消化管，ホルモン分泌腺，排泄器官，などなど．ほぼ，ありとあらゆる部域が染まった．ハエの体内のいたるところに時計がある，と解釈すべきか．それとも *per* には時計とは別の未知の機能もあって，いたるところで発現しているのか．ともかく *per* の発現組織は判明した．しかし，謎はかえって深まった．

脳の中の時計

一方でホール博士らは，リズムとは別の分野で見つかった，ある変異体に注目する．成虫の脳の一部が形成不全を起こす変異体だ．この変異体では，頻繁に無周期の個体を観察できることを1989年に見いだしたのだった．詳細な解剖学的な解析から，形成不全は前大脳の側面部で生じていることがつきとめられた．複眼からの視覚情報を処理する視葉という領域に隣接した部分だった．PERタンパク質に対する抗体を使って調べると，そこには，通常なら10個ほどの *per* 発現細胞があった．それらは，脳の側方(ラテラル；lateral)に位置する神経細胞(ニューロン；neuron)にちなんでLNと名づけられた．LNは位置や大きさによって，さらに細かく3群に分類できた(図10)．背側(ドーサル；dorsal)寄りのLNd，腹側(ベントラル；ventral)寄りで小さい方(small)がs-LNv，大きい方(large)はl-LNv．

ホール博士らはさらに詳細な観察を継続．1個でもLNが無事ならば行動リズムは正常であることを1992年に発見する．これは後に登場するドイツのヘルフリッヒ-フェルスター博士によっても確

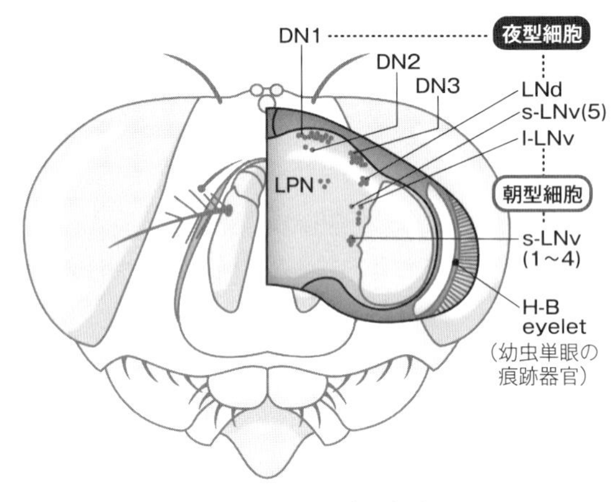

図 10　ハエの時計細胞

かめられた．これらの細胞群が体内時計に重要なのは間違いない．といっても，LN は時計本体ではない可能性もまだ残っていた．例えば，脳の形成不全で体内時計から活動制御系への時刻情報の連絡経路が切れたとも解釈できるからだ．

そこでホール博士のグループでは，無周期個体への細胞個別の(細胞特異的)レスキュー実験に取り組む．そして 1994 年，活動リズムを回復させるには数個の LN だけで *per* を発現させれば充分で，末梢組織の各部での *per* 発現は必要ないことをつきとめた．活動リズムに限れば，LN こそが体内の時刻情報を生み出す根源(中枢時計)であることを証明したことになる．

さらに 2000 年までに，ホール博士らは脳の背側部に点在し，*per/tim* の振動が見られる別の 3 グループの細胞群も順次同定．DN1，DN2，DN3(dorsal neuron)と名づけた．一連の根気のいる研究では，ブランダイス大学に留学していた金子真紀博士が活躍した．

脳内にある7つ目の時計細胞群を，その特徴的な性質とともに見つけたのも日本人．岡山大学の吉井大志博士で2005年のことである．後大脳の側面に位置するこの細胞群はLPN（lateral posterior neuron；posteriorは後部）とよばれている．珍しい性質をもつ数個の細胞群で，明暗環境では明瞭な*per*/*tim*振動を示さず，温度サイクルを与えた時のみ振動が観察できる．

光るハエと末梢時計

では，末梢組織にある*per*発現細胞は何をしているのか．これに関してはCRYやGeneChipでも登場したスティーブ・ケイ博士の活躍で解明が進んだ．本書では記述順が逆になってしまったが，ケイ博士はホール博士とのこの共同研究を皮切りに，植物分野からハエのリズム分野に参入したのである．

植物ではハエのように行動観察はできない．そのため，人工的な時計の針を植物に付与してリズム観察を容易にする実験系の開発が盛んであった．ケイ博士はこれをハエに応用．ハエの*per*−*lacZ*レポーター遺伝子の*lacZ*部分をホタルの発光遺伝子*luc*（ルック；ルシフェラーゼの略）と置換した人工遺伝子を開発した．

per−*lacZ*レポーター遺伝子では組織染色のたびにハエを殺す必要があった．しかし，*per*−*luc*発光レポーターなら光るハエを生きたまま，時刻を追って観察できる．*per*発現の増減に合わせ，ハエの各部で発光量の変動が捉えられた．この成果が1996年にNeuron誌に発表されると，斬新なアイデアに学界が沸いた．

翌年にはさらに発光レポーターによる解析を深め，立て続けに3報を発表．11月のScience誌の論文が決定版である．ハエの各部は胴体から切り離しても，適切な培養液内でしばらく生かし続けられる．切り離され，暗黒の培養液内に単独で置かれた肢や翅ですら *per* 発現量の増減に伴う発光リズムは継続した．それどころか，この状態で明暗リズムを与えると発光リズムの再同調まで起きた．

per を発現する末梢組織は，脳からの指令を受けずとも自律的にリズムを刻み，単複眼から切り離されても細胞独自に光を感知して再同調が可能．つまり，脳とは独立に(もちろん，完全に無関係ではないが)時を刻む末梢時計の存在が初めて明らかにされた．さらに，当時は未知であった細胞内光受容体の存在も暗示されており，その後の CRY 研究へとつながっていく．

発光レポーターは別方面にも応用された．試作版が完成したのは 1993 年頃．ちょうど世界各地で新規の時計遺伝子スクリーニングが激化しつつあった(第 3 章参照)．ホール博士は改良型発光レポーター系統(PER の PAS ドメインなども含み，タンパク質どうしのドッキングや分解の異常も観察可能)を新兵器として導入．「同じタイミングで光っているイルミネーションの中から壊れた電球を見つけるのは簡単」(1993 年ホール博士談)．羽化や歩行活動ではなく発光リズムを手がかりに多数の変異体が分離された．このひとつが 1998 年 Cell 誌で発表された cry^{b} 系統(コラム　cry^{b})．これが CRY 解析の激戦の決め手となった．

コラム　cry^{b}(cry-baby；クライベイビー)

クリプトクロムの名づけ親は，なんと進化論のダーウィン．植物の研究をしていて，未知の光受容体の存在に気づき，隠れた(クリプト)光受容色素(クロム)と書き記した．予言どおり，最初に植物で遺伝子が見つかり，ハエ，マウス，ヒトでも見つかった．もちろん 20 世紀になってからの話．ダーウィンは本物は知らない．

ハエのクリプトクロムの変異体で最初に見つかったものが cry^{b} 系

統．改良型発光レポーターを用いたスクリーニングで，光の微弱な(*per* や *tim* の転写量が極端に低い)変異体として分離された．TIM タンパク質の分解も起きないことに注目してホール博士の研究室のスタニュースキー博士が原因となる遺伝子座を決定．しかし，この遺伝子は機能も塩基配列も依然として未知だった．

同じ頃，隣のロスバッシュ博士の研究室で哺乳類のクリプトクロムのハエ版をDNA配列の類似性から探しあてたエメリー博士．その遺伝子座は何とスタニュースキー博士の遺伝子座と一致．さっそく一緒に解析を行い，仲良くCell誌での発表を狙う．

ところが，編集部は「変異体の話は面白いけど，哺乳類のCRYのハエ版を拾ってきた話は要らないな」．ブチ切れるロスバッシュ博士．研究室の誰かも「そんな！ 片方だけって，ひどい〜！」と叫びだす．その姿はまるで….

「これだ！」．変異体は夭逝した伝説の女性歌手ジャニス・ジョプリンの名曲「クライベイビー」にちなんで名づけられた(cryとは英語で泣き叫ぶという意味)．気を取り直したロスバッシュ博士は編集部の説得に成功．みごと1998年Cell誌に2報同時掲載となった．偶然と駄々っ子と執念が世に出した時計変異体．

朝型細胞，夜型細胞

末梢組織に存在する時計が，その組織特有のリズムを直接的に制御していることは容易に想像できる．ならば，なぜ脳の中の時計(中枢時計)が必要なのか．残念ながら最終的な答えは出ていない．ただし，環境にリズムがないと末梢時計の振動は徐々に弱くなることだけはわかっている．途中で環境リズムを与えるだけで，元の強い振動に戻るので，末梢組織の活きが悪くなっているのではない．末梢時計が動き続けるには，なぜか環境からの時刻情報の入力が必要らしいのだ．中枢時計ではこんなことは起きず，非常に自律的で安定に時を刻む．

では逆に，なぜ中枢時計だけですべてを制御してしまわないのか．これにも答えは出ていない．ひとつの説は，単純に中枢時計だけでは制御しきれないから，というもの．末梢組織のリズムの機能はさまざま．ピークもいろいろな時刻にあるためだ．また，時計を多重にもっていた方が，全身の時間秩序が強固に形成でき，万が一，中枢時計が少し不調になっても安心だから，という説もある．

それにしても，脳内ですら時計細胞が広い範囲で7群に分かれて分布しているのはなぜか．LPN だけはわかりやすい．温度変化に対応する専用の時計だ．しかし残りはどうか．これに関しては，フランスのフランソワ・ルイエ博士(TIM 分解に関わる *slimb* を分離)のグループとロスバッシュ博士のグループから2004年の Nature 誌に，独立に以下の報告がなされている．もちろん激戦だった．

ハエは基本的には昼行性だが，実際は朝夕のみ活動的で真昼はほとんど動かない．LN の特定の細胞群でのみ *per/tim* の振動をレスキューする実験から，脳の片側5個の s-LNv のうち1-4番目までは朝の活動を，5番目の s-LNv および LNd は夕方の活動を制御することが明らかになった(p. 76 図10)．その後の研究の進展で，現在では四季で変化する日長に対応するための役割分担ではないか，と推測されはじめている．フィードバックループによる *per/tim* の発現ピークは1日1回．ところが，日長は日の出と日の入りの2つのタイミングで決まり，しかもその時刻はそれぞれが季節に従い独自に変化する．細胞群ごとにどちらに対応して同調するかが決まっている方が便利で，日長変化への活動時間帯の追随も容易になる，と説明される．

では，脳内の他の時計細胞群は何をしているのか．これにも確定的な答えは出ていないが，睡眠や温度に対する反応などとの関連に着目した研究がはじまっている.

疑問点はまだある. 脳内の時計は片側7群. 脳全体なら14群. こんなに多数で, 体内の時刻情報は混乱しないのだろうか. この問いについての解析は比較的進んでいる.

体内の時の鐘

時計細胞の脳内での配線図の解明に最も活躍したのはドイツのシャーロット・ヘルフリッヒ-フェルスター博士. 1930年代にハエを体内時計の研究にもち込み, 体内時計と遺伝子の関連性を指摘したビュニング博士(第1章参照)の孫弟子にあたる. ちなみに, 時計の所在や役割分担の解明では, ホール博士の研究室以外では, ヨーロッパや日本などの研究者の活躍が目立つ. アメリカを中心に展開される短期決戦型研究とは一線を画すもので, 各国の科学政策や伝統を反映しているようで興味深い. それはさておき.

彼女が1993年に目をつけたのはPDH(色素拡散ホルモン). 甲殻類(エビやカニのなかま)の眼や上皮の色素顆粒の拡散を促すホルモンである. PDHに対する抗体を使うと甲殻類やさまざまな昆虫で体内時計と目される細胞群を染色できることが偶然見つかった(解説3-3). これをハエに利用すると, ホール博士らが時計細胞と主張していたLNvがみごとに染まった. さらに, PDHは神経繊維(厳密には神経情報の出力を担う軸索という部分)にも存在するため, PDH抗体による染色像はLNvの複雑な神経ネットワークも明らかにした. 複眼からの視覚情報を処理する視葉の一部(視髄)が網目状に染まり, さらに一部の繊維は左右反対側のLNvに伸びていた. またDN細胞群への神経連絡経路も見つかった.

PDHと体内時計との関係に興味がもたれたのは当然だった. ハ

エでの遺伝子クローニングは1998年，ホール博士らによって行われ，ホルモンというよりも神経から放出される因子という面を強調した*pdf*(色素拡散因子)という遺伝子名がつけられた．1999年には昆虫ホルモンの専門家タグハート博士(PDF解析を機にハエの時計遺伝子分野に参入．GeneChip解析でも登場)らの*pdf*変異体分離を伴う論文がCell誌に発表される(コラム　*pdf*[01])．その後，PDFを情報伝達分子としてキャッチする受容体もアラーダ博士(*Jrk*や*cwo*を分離)や韓国のグループによって独立に同定され，PDFを介してLNvからの時刻情報を受け取っている細胞群が判明．現在では，PDFはある時刻にLNvから放出されることで，脳内の中枢時計どうしの時刻を同期させる役割があると推測されている．江戸時代に，お寺の鐘の音で近隣に時刻を知らせていたのに少し似ている．

近年，PDFの他にも時刻情報を伝える複数の神経伝達物質(神経から放出される物質)が見つかってきた．しかも，中枢時計の細胞群ごとに使い分けられていることも，ヘルフリッヒ-フェルスター博士や吉井大志博士のグループを中心に解明されつつある．中枢時計の細胞ごとに何らかの役割分担があり，どの細胞からどんな時刻情報がきたかを末梢時計にわかりやすく伝えるためではないか，と推測する研究者もいる．

*per*第2の謎は，中枢時計・末梢時計の発見につながり，時計細胞のネットワークの解明へと発展した．幾重にも張り巡らされた神経ネットワークは，体内での時刻情報の連絡に関して強固な制御が行われている証拠だろう．正確な時刻を知ることが生物にとっていかに重要かがうかがわれる．

なぜそんなに正確な時刻を知ることが生物にとって重要なのだろうか．次の最終章ではさまざまな生物での時計遺伝子解析を紹介し，体内時計がヒトの健康に及ぼす意外な影響にもふれる．

コラム *pdf*[01]

タグハート博士の研究室で発見されたPDF変異体．01というのは，PDF量がゼロになる1番目の系統という意味．

タグハート博士の研究室ではハエのPDFに対する抗体が新たに作製された．試しに研究室の手近な飼育ビンからハエを採取し，脳を解剖して抗体染色してみるとまったくダメ．何も染まらない．「え～！そんな～」と別のビンのハエでやり直すと，みごときれいに神経系が染まった．何と初めに手に取った飼育ビンの系統はPDFの変異体だったのに長年誰も気づいていなかった．

ある物質に対する抗体をまず作製し，その抗体を用いてその物質を作れない変異体をスクリーニングするのは普通に行われる．しかしハエのPDFの場合は抗体をチェックしようとして変異体も一発分離．しかもPDF抗体はPDF発現細胞だけでなく，ハエの時計細胞ネットワークの観察も可能にした．まさに一石三鳥の抗体だった．

第7章　みんな知りたい，いま何時？

哺乳類の体内時計

睡眠覚醒をはじめとして，ヒトの行動や体調が24時間のリズムで変動していることは体験的に実感できる．客観的な測定としても，体温や尿生成量のリズムは19世紀半ばには調べられ，ホルモンなど50種類以上の体内のパラメータの変動さえ1970年代までには明らかにされていた．一方で，観察だけでなく解剖や薬剤投与などを伴う，もう一歩踏み込んだ研究を行うに当たっては，マウスなどの哺乳類がヒトのモデル系として用いられてきた．ヒトに直結する研究には資金も人材も関心も集まる．時計遺伝子の研究ではショウジョウバエが先行したが，それ以外の体内時計研究においては哺乳類での研究が圧倒的な優勢を誇っている．

中枢時計の所在さえ1920年代には目星がつけられ，1972年に脳内の視交叉上核とほぼ確定．1979年には三菱生命科学研究所の井上慎一先生(後に山口大学時間学研究所)らにより完全決着をみた．左右一対，2万個ほどの細胞群が哺乳類の中枢時計である．眼からの視覚情報が脳に入力される途中の間脳の視床下部に位置する(図11)．哺乳類とハエでは脳の構造はまったく異なるものの，ともに光情報を処理する神経経路のすぐそばに時計細胞があり，視交叉上核にもエリアごとに役割分担がある，など興味深い対応も見つかっている．末梢時計も各組織に存在し，その役割は哺乳類の方がより詳細に解

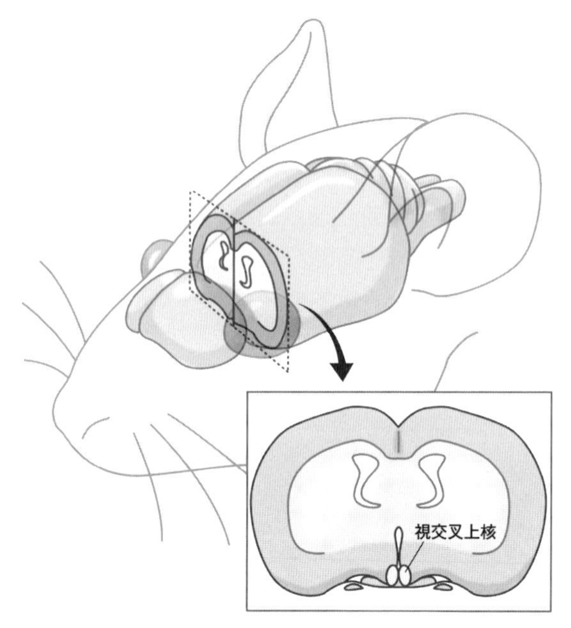

図 11　マウスの時計中枢

明されている．

哺乳類の時計遺伝子研究は 1997 年を皮切りに爆発的な進展を遂げた．ショウジョウバエでは 1 個しかない遺伝子が哺乳類では複数見つかることは普通にあり，時計遺伝子にもそれがあてはまる．ほぼ同じ機能の遺伝子が複数あると，1 つが壊れても他が補って強烈な行動異常は起きない場合が多い．そのような理由もあって，哺乳類の時計遺伝子のほとんどは逆遺伝学的解析で見つかってきた．ただし，よく調べてみると，重複した遺伝子の中での微妙な機能分担が見つかるケースもある．現在ではハエとは比較にならないほど多くの時計関連遺伝子が同定され，主要なものだけでも 20 個近い．

表　ハエと哺乳類の主要な時計遺伝子の比較

ハエ	哺乳類	特　徴
per	*Per1, Per2, Per3*	*Per1, Per2* は光で転写が活性化される
tim	対応なし	哺乳類の TIM とハエの *time-out* は発生に関係
cry	*Cry1, Cry2*	哺乳類の CRY1, CRY2 は PER1, 2, 3 のパートナー
Clk	*Clock*	哺乳類の *Clock* は転写変動しない
cyc	*Bmal1*	*Bmal1* は転写が変動
Pdp1	*Ror*	機能的には *Pdp1* と対応。*Bmal1* の活性化因子
	Dbp	構造的には *Pdp1* と対応。bZIP と PAR ドメインをもつ
vri	*Rev-erb*	機能的には *vri* と対応。*Bmal1* の抑制因子
	E4bp4	構造的には *vri* と対応。bZIP ドメインをもつ
cwo	*Dec1, Dec2*	bHLH ドメインと ORANGE ドメインをもつ
dbt	*Ck1*	カゼインキナーゼ

表には，ハエの時計遺伝子との対応を中心として哺乳類の時計遺伝子を挙げた．この研究分野では，日本の複数のグループの活躍も目立っている．

哺乳類のコアループ

哺乳類で，はじめて同定された時計遺伝子も *Per* である．1997年に東京大学の程肇(てい)先生(現・金沢大学．以前はハエの研究者)らが特殊な PCR 法(解説 3-6)を用いてマウスおよびヒトで *Per1* を同定．これをプローブ(解説 2-2)にして神戸大学の岡村均先生(現・京都大学)のグループが発現組織や光応答を解明した(解説 3-8)．研究成果は Nature 誌および Cell 誌に連続して発表される快挙であった．同時期にアメリカのゲノム解析グループもヒト *Per1* を偶然に発見．こちらは Cell 誌での発表だった．1997年から1998年にかけての *Per2*，*Per3* の解析では再び岡村均先生のグループが活躍した．

マウス *Clock* は1997年にタカハシ博士らによってクローニングされた(第3章参照)．翌年，パートナーの *Bmal1*(ハエの *cyc*)が本間研一，本間さと先生(北海道大学)と池田正明先生(埼玉医科大学)の連合グループにより発表された．哺乳類では*Bmal1*の発現にリズムがあり，*Clock*は変動しない．この点ではハエの*cyc*，*Clk*とは逆だが，二量体で1セットと考えれば，どちらか一方でも振動していれば充分とも考えられる．

哺乳類とハエで体内時計に対する機能が決定的に異なるのはCRYである(第3章参照)．このためか，哺乳類のTIMは体内時計に関係せず，発生に重要な役割を担っている．ややこしい話になるが，遺伝子の構造面に着目すると，哺乳類のTIMに対応するハエの遺伝子は*time-out*．ハエの発生に効く遺伝子で，リズムとは関係がない点で哺乳類のTIMと符合している．

CRYがフィードバックループの抑制因子としてはたらき，TIMが体内時計のパーツではないとすれば，哺乳類の体内時計の光同調は何によって起きるかが疑問になる．答えは，哺乳類で唯一の光受容器である眼からの情報に従って発現が誘導される*Per1*と*Per2*．光による時計遺伝子の転写活性化はアカパンカビでも報告があり，ハエでのメカニズムよりもむしろ種を越えて普遍性が高いとも考えられる．

体内時計のネットワーク構造

哺乳類の時計遺伝子の織りなすネットワークについては，上田さんのグループからの哺乳類のGeneChip論文に詳しい．細かいことを抜きにすれば，ほぼこの論文1報で決定版といってもよい．まさにGeneChipの威力である．以下ではそれに沿って解説したい．

哺乳類における時計遺伝子の制御は，ループ構造というよりも時計遺伝子のネットワークとして捉える方がふさわしい．また各因子は基本的には転写・翻訳後に直ちに核移行する．もちろん時計タンパク質の翻訳後修飾は哺乳類でも重要ではあるが，mRNAとタンパク質をひとまとめにした「時計遺伝子産物」と，それが作用するプロモーター領域(解説2-6)を基本に考えると，いくぶんシンプルでわかりやすくなる．

図12を見てほしい．楕円は時計遺伝子産物を，四角は時計タンパク質が作用するプロモーター領域を示している．プロモーターにはE-box，D-box，RREの3つがある．それぞれのはたらく時刻にちなんで，朝，昼，夜を支配するプロモーターとよばれている．それぞれのプロモーターとそれが制御する時計遺伝子は，薄い実線で結ばれている．たとえば，図の一番上の方にあるE4bp4は夜のプロモーターであるRREと薄い実線で結ばれており，夜に発現ピークをもつ．Dbpは朝のプロモーターのE-boxにつながっているのでピークは朝．同時に2つのプロモーターにつながった時計遺伝子では発現ピークは中間の時刻にある．

続いて，濃い線は時計遺伝子産物の作用を表す．矢印は活性化，点線は抑制．たとえばE4bp4は昼のプロモーターD-boxの作用を抑制，Dbpなら活性化する．

ネットワークの進行を同時に追っていくのは目が回りそうだが，これを電車の路線図にたとえるとイメージ的に捉えやすい．3つのプロモーターは駅，時計遺伝子産物は電車．電車が駅に着いて次の電車にリレーしながらグルグル巡り，全体として24時間の運行状況を作り出しているイメージだ．路線図を用いたこの説明は，大塚邦明先生(元・東京女子医科大学)の御著書(解説5)で知った．私が聞いた中で最もわかりやすい比喩なので使わせていただいた．

パーツの数が多いために一見は複雑に見える．しかし，ハエに比

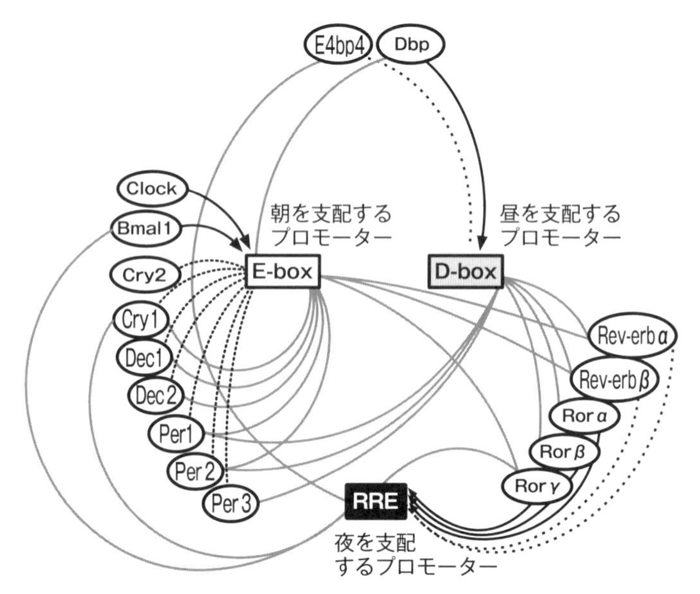

図 12　哺乳類の時計遺伝子ネットワーク

べると 1 つ 1 つのパーツの役割は比較的シンプルに思えるが，いかがだろうか．

ハエは変わりもの？

実はショウジョウバエ型の体内時計の仕組みをもっているのは，昆虫の中でさえ少数派で，哺乳類型が普遍的ではないか，と最近言われはじめている．

さまざまな昆虫でもゲノム解読が進展し，時計遺伝子探しも行われるようになった．2006 年に，まずはミツバチで不思議な報告があった．ミツバチでも *per* の発現に振動がしっかりと存在することはすでに報告されていた．しかし，ゲノム情報を活用して探してみても，ゲノム上のどこにも *tim* に相当する遺伝子が見つからなかったのである．

ミツバチの生活に体内時計は必須．というのも，ミツバチは花のある方角を巣の仲間に知らせるのに太陽の方向を基準にダンスをおどる．有名な8の字ダンスだ（発見者のカール・フォン・フリッシュ博士は1973年，コンラート・ローレンツ博士，ニコラス・ティンバーゲン博士とともにノーベル生理学・医学賞を受賞．「動物行動学」という分野の礎を築いた）．ところが太陽の位置は時々刻々移り変わるため，体内時計を使って「いまは何時だから方角は…」と補正が必要になる．*tim* がないでは済まない．もしや哺乳類と同じくミツバチでもCRYがPERのパートナーになっているのでは…との推測がなされた．

これとは別に，その後，続々と多くの昆虫のゲノムに2種類のCRYが見つかりはじめた．1つはハエ型で青色光を受容できる．もう1つは哺乳類型で光受容できない．いまやゲノムが解読された昆虫の中で，哺乳類型のCRYをもっていない方が珍しい状況になりつつある．ショウジョウバエにごく近縁のミバエにさえ，ハエ型だけでなく哺乳類型のCRYも存在することがわかっている．哺乳類型のCRYがあれば，TIMに代わってPERのパートナーをつとめられる．こういった点から，哺乳類型の体内時計の方が普遍的ではないか，と言われはじめたのである．

たしかに，ショウジョウバエでも気になる報告が2001年になされていた．末梢時計のフィードバックループの運行メカニズムについてのものだった….

同じ原理，異なる部品

ハエの体内時計のコアとなるのは *per*/*tim* のフィードバックループ．当然，どの時計細胞でも同じ方式と誰もが想像していた．ところがそうでないことが2001年Nature誌に発表された．ハーディン博士主導の研究だが，共同研究者にはホール博士も名前を連ねており，発表までに慎重に議論を重ねたことが推測される．

1998年以来，ハエのCRYは光同調には重要だがフィードバックループの運行そのものに必須ではないとされてきた．実際 cry^b 変異体でも活動リズム自体は正常．ところが，そんな cry^b 系統でも，匂いに対する神経応答に昼夜のリズムがなくなっていることをハーディン博士のグループが偶然発見したのである．調べてみると触角（ハエの嗅覚に関係）の末梢時計の停止が判明．さらに解析を深め，触角ではCRYがTIMの代わりにPERのパートナーをつとめているという結論にたどり着いたのだった．哺乳類と同じ部品の使い方など誰ひとり予想もしていなかった．

もちろん，いまだに多くの疑問点も残されている．なぜショウジョウバエでは触角で，しかも光受容型CRYがPERのパートナーをつとめているのか．また，中枢時計は動いているのに，なぜ触角の末梢時計は停止してしまうのか．

一方で，上記のようなハエ以外の昆虫でのゲノム解析結果も考慮すると，動物の共通祖先の大昔の生物では，PERのパートナーはTIMでもCRYでも良かったのでは，という推測も成り立つ．哺乳類やミツバチはTIMを失ってCRYがPERの専属パートナーになり，ショウジョウバエでは逆にTIMが専属になったのかもしれない．体内時計の進化の道すじには多くの謎が残されている．多重のループ構造の存在意義や，中枢時計と末梢時計の関係性の解明に向けてのシステムレベルでの理解は，体内時計の進化の研究を通して深まるかもしれない．

いずれにしても，体内時計のコアになるメカニズムがフィードバックループであることはショウジョウバエ，それ以外の昆虫，哺乳類，あるいは(本書では詳細を説明できなかったが)アカパンカビや植物にも共通する原理であることだけは間違いない．多くの時計遺伝子研究者にはそう思われていた．ところが，その共通原理すらあてはまらない生物が見つかってしまった――．

シアノバクテリアである．

バクテリアの時計

シアノバクテリアは，光合成によって原初の地球に酸素をもたらし，生き物の大繁栄の礎を築いた．その名のとおり大腸菌などと同じくバクテリアの仲間で原核生物に分類される．生命の設計図である遺伝子や染色体を格納する核さえもっていない．

そのシアノバクテリアの体内時計の運行には時計遺伝子の転写翻訳フィードバックループは不要．それどころかシアノバクテリアの時計タンパク質を使えば，試験管内でも24時間の自律的な振動を再現可能．この大発見は名古屋大学のグループによるものだ．

国立基礎生物学研究所の近藤孝男先生と石浦正寛先生(2人とも後に名古屋大学)らのグループは1992年からシアノバクテリアの概日リズムの研究を開始．スティーブ・ケイ博士と同じく発光レポーターを用いて明瞭な転写リズムを見つけだした．それまでの定説は「原核生物には概日リズムはない．あったとしても不明瞭で研究には適さない」というものだっただけに大きな話題となった．レポーター遺伝子だけでなく，発光リズムの自動計測装置の作製からリズムの統計解析プログラムまですべて手作り．まさに現代版のコノプカとベンザーである(近藤先生と石浦先生は同世代で，大学院生と教授の関係ではないが)．

すぐさま大規模な時計遺伝子スクリーニングが実施された．十数万株を扱うことなどバクテリアならば，あっという間．それまでの時計遺伝子解析の旗手，ハエやアカパンカビなど足元にも及ばぬほど大量の時計変異体が分離された．1日が60時間に延長された桁外れなものまで得られた．ところが，それらの変異のほとんどは3つひとつながり(クラスター)になった遺伝子群に生じたものと判明．「回転」を表す*kaiA*，*B*，*C* 遺伝子と名づけられた．*kaiA*，*B*，*C* 遺伝子は，既知のどの時計遺伝子とも構造が似ていなかった．

原核生物では遺伝子制御も独特である．タンパク質レベルではKaiA，KaiB，KaiCはそれぞれ独立した3種類だが，*kaiABC* は横並びのクラスター遺伝子で，転写段階では *kaiBC* はつながってできてくる．1997年のScience誌の論文ではKaiAが活性化因子，KaiCが *kaiBC* の転写に対してフィードバック抑制を行うと結論づけられ，時計遺伝子の研究者一同「やはり原核生物でも」と納得した．体内時計の原理は共通，生物ごとに異なる部品．一件落着に思えた．

異なる原理，異なる部品

ところが2005年，Science誌に発表された2つの論文で様相は一変．まずは近藤研究室の岩崎秀雄先生(現・早稲田大学)が主導した研究だった．

この研究にいたるまでの経緯として，*kaiA*，*B*，*C* 発見のしばらく後になってKaiCにはリン酸化酵素としてのはたらきもあるらしいことが明らかにされていた．その後，KaiCがリン酸化するのはKaiC自身であることが判明．いわゆる自己リン酸化とよばれる現象で，これ自体はさほど珍しいことではない．ハエや哺乳類のリン酸化酵素でも発見されている．これが後々，転写翻訳フィードバックループは生物全般に共通という“常識”を揺るがす大変な事態に発展していくなど，その時は誰ひとり予想もしていなかった….

それが――，薬剤で転写や翻訳を完全に止めてしまってもKaiCの自己リン酸化に関する概日リズムはまったく影響を受けずに継続することが見いだされたのである．転写や翻訳が止まっているのに転写翻訳フィードバックループが動いているはずがない．続いて，同グループからさらに衝撃の論文が発表される．KaiA，KaiB，KaiCとエネルギー源のATPという物質を特定比率で混合すると，試験管内でもKaiCのリン酸化の概日リズムが観察できた，という内容だった．詳細は省くが，どこからどう検証しても生物が示す概日時計の特徴を備えた振動現象だった．しかし，もちろん試験管内は生命活動とはまったく切り離されている．タンパク質とATPだけ．DNAもRNAも存在しない試験管内では遺伝子発現も生じない．生じるわけがない．特定の混合比率がカギになることもあって，私はこれを聞いた瞬間に「錬金術」という単語が頭に浮かんだ．それほど驚くべき結果だった．体内時計の研究なのに，もはや「体内」ですらない．この分子メカニズムに関する詳細な解析は現在も続行されているが，2005年に論文が発表されるや否や，間接的にショウジョウバエの時計遺伝子研究にも影響を与えた．ハエの各種時計タンパク質のリン酸化解析が一層激化するきっかけとなり，またハエの第2ループにおけるCLKリン酸化リズムの重要性を受け入れる素地を作ることとなったのである(第5章参照)．

それにしても，どうしてシアノバクテリアは独特の体内時計の原理を採用したのか．また，なぜそこまでして体内時計をもつ必要があったのだろうか．

シアノバクテリアは光合成によって生存に必要なエネルギーや養分を得る．効率の良い光合成のためには，まだ暗い夜のうちに日の出の時刻を予測し，細胞の状態を光合成にむけて整える必要がある．出遅れれば充分な光合成ができず，準備が早すぎればアイドリング状態のまま，原始地球では貴重だったはずの生存資源を無駄使いしてしまっただろう．また光合成でエネルギーを得られない夜間に，多数の分子やエネルギーを動員する転写翻訳システムを利用して体内時計を動かし続ける贅沢などできなかったはずだ．おそらく，長い進化の歴史を通して，最も省エネ化した時計を生み出し，体内時計を最もうまく調節できたシアノバクテリアだけが厳しい生存競争を勝ち残り，子孫を繁栄させて現在に到ったに違いない．その後，さらに強力な振動を生み出すために *kaiA*，*B*，*C* をパーツとして利用した転写翻訳フィードバックループも備えたのだろう．

採用した体内時計の原理も部品も異なるが，体内に流れる時間を制御し，日の出という未来のイベントのタイミングを予測することはシアノバクテリアにとってまさに死活問題だったはずだ．では，私たちの場合はどうか．ヒトにとっての体内時計の重要性も注目されつつある．本書最後の話題として，ヒトの健康と体内時計の意外な関係について紹介したい．

時差ぼけの脅威

体内時計の健康への影響と聞いて，すぐに浮かぶのが時差ぼけ．あるいは朝型と夜型の生活パターンや睡眠障害との関連だろうか．

時差ぼけや生活パターンの改善には高照度光療法が用いられはじめている．この療法の開発には，時計遺伝子研究の成果も一役買っている．ヒトも含めた哺乳類の環境リズムへの再同調には *Per1*，*Per2* の光誘導が有効．単に強い光を浴びるだけでなく一番有効なタイミングを選び，できるだけ体に負担をかけずにリズムを再同調させる試みである．

時差ぼけは，体の各所の末梢時計が一時的に中枢時計の制御から外れてしまった状態といえる．消化管や肝臓の末梢時計が暴走して，食欲がなくなりお腹をこわす．脳の睡眠覚醒の中枢でも同様な不調が起きて，現地の夜に眠れず，昼の眠気に襲われる．中枢時計は比較的すぐに現地時間に再同調するが末梢時計はそうはいかない．ハエとは異なり，哺乳類の CRY には光受容能はない．よって，中枢時計からの時刻情報だけを頼りに徐々にしか再同調できず，時差ぼけ期間は長引く．しかし，末梢時計は体温や栄養状態の変動には比較的敏感に同調可能であることが時計遺伝子研究から解明された．

だからこそ，光を浴びるだけでなく，うまいタイミングで体温を上げたり，食事をとったりすることも時差ぼけ解消に有効と予測される．なかには時差ぼけを感じない人もいるが(私もそうだ)，不調を感じないだけで末梢時計のずれは続いている．こんな状態が生活習慣によって継続してしまうのが夜型の生活パターンといえるだろう．あまりに悪化すると社会生活に支障が生じる．また，不登校やひきこもりの人の中には，自分自身の体内時計の進行に従ってしか生活できず，環境の 24 時間リズムとは微妙にずれた生活リズムを示す人がいるという報告もある．ずれが日々積み重なっていけば，いつかは昼夜逆転が起き，健康な社会生活は営めなくなってしまう．

さらに，ある種の睡眠障害の人たちの中には，時計遺伝子に変異をもつ場合があることも解明されている．気分障害(うつ病や双極性障害などの総称)の一部に時計遺伝子との関連を見いだした報告も近年発表されはじめている．

健康な人でも，血圧や心拍，体温なども明け方には低く，夕方に高くなる昼夜変動を示す．循環器系の疾患の発症(脳卒中など)が特定の時刻に集中するのはこのためだ．さらに，臓器のはたらきにリズムがあるのなら，同じ薬を同じだけ飲んでも，時刻によって体内への吸収やその効果に変動があるのも当然．逆に，同じ効果が期待できるのなら，薬は飲み過ぎない方が良い．時間薬理学という研究分野では，ベストなタイミングで適量を投与する試みもはじまりつつある．

健康と時計遺伝子

意外なところでは，体内時計は糖尿病(生活習慣が原因の２型糖尿病)やメタボとも関係する．糖尿病では血糖量の上昇がみられるが，これを下げるインスリンというホルモンは体内時計に制御され，昼に分泌のピークがある．生活リズムが乱れると，このリズムが末梢時計レベルでずれてしまう．一方では，食事をとる行動リズムも夜にずれ込むことで末梢時計はさらにずれ…と，体の中の時間秩序の崩れの悪循環で糖尿病のリスクが急激に高まることがわかってきた．さらに哺乳類の時計遺伝子 *Bmal1* が体内への脂肪の蓄積に直接的に影響することも解明されており，時間栄養学という分野では，食事の質はもちろん，そのタイミングの重要性も見直されはじめている．

もっと意外なのは，がんとの関連性だ．がんは遺伝子が傷つくことがきっかけとなり，細胞分裂が暴走して起きる．これを防ぐ仕組みのひとつが光修復酵素．この酵素の名前は第3章のCRYの項目で出てきた．CRYと違って光修復酵素は遺伝子の傷を修復するのに紫外線を利用する．つまり，DNAの傷をなおすのには日光が重要．なのに，生活リズムが乱れると，光修復酵素の効率が落ちて十分に遺伝子の傷をなおせなくなり，結果として，がんのリスクは高まってしまう．これとは別に，体内時計は細胞分裂(組織再生)のタイミングも調整している．お肌のためには早寝がよいと言われる理由のひとつは，皮膚細胞は深夜に活発に分裂・再生するから．体内時計がずれてしまえば細胞分裂の制御もおかしくなり，やはり，がんのリスクを高めてしまう．

これらの対応や治療には，まずは体内時計の診断が必要だ．しかし対象は24時間で一巡するリズム．安静にして数時間ごとの検査が，ときには数日間続く．忙しい現代人にとっては，そんな悠長に検査をしている暇はない．

これに対し，日本から2つの朗報が発表された．2010年，山口大学時間学研究所の明石真先生らは3時間ごとに数本の髪やひげの細胞から遺伝子産物を簡易精製．時計遺伝子の変動を簡単に計測する方法をPNAS誌に発表した．採血も伴わず安静すら必要ない．簡便で正確な体内時計の診断法として期待を集めている．さらに2012年のPNAS誌で，上田泰己博士(GeneChipで登場)のグループはヒトの血中の約300個の代謝産物を数時間ごとに測定し，さまざまな時刻にピークをもつそれらの変動を「分子時刻表」として一覧表に表した．血中の代謝産物の濃度はいわば末梢時計の針．1回だけ採血し，データをこの分子時刻表と照合すれば，体の隅々の末梢時計の進行状況を読み取れるとあって，医療現場への早期導入が期待されている．

　ショウジョウバエからはじまった時計遺伝子研究は，人類がより健康的で質の高い生活を営むための知恵にたどり着こうとしている．いわば，グローバル化する24時間社会に合わせた昔からの知恵の実現．時計遺伝子の解明を通し，個人の生活スタイルに合わせた「早寝，早起き，朝ご飯」が実現されようとしている．

解 説

解説 1 ショウジョウバエと遺伝学

日本に生息するだけでも 200 種を超えるショウジョウバエの中で，本書でショウジョウバエもしくはハエとよんでいるのは，**キイロショウジョウバエ**(学名 *Drosophila melanogaster*)．台所でよく見かける体長 2-3 mm ほどの小型のハエである．単複眼は赤く体色は黄色．アルコールや酢(発酵物)に好んで寄ってくることから，架空の動物“猩猩(しょうじょう)”(能の演目でも登場する，酒好きで赤い体毛をもつ生物)にちなんで，松村松年(しょうねん)博士が命名した．

卵から幼虫(うじ)，さなぎを経て，成虫へと羽化する．卵から羽化までの 1 世代は約 10 日(25℃)．どんなエサでもよく育ち，小さな試験管(飼育ビン)内で飼育でき，手間いらず場所とらず．

染色体の本数は 4 対 8 本．X，Y 染色体を**性染色体**，それ以外の第 2，3，4 染色体を**常染色体**という(キイロショウジョウバエでは X 染色体を第 1 番目の染色体とみなす)．性染色体の組み合わせが XY だとオス，XX だとメスになるのはヒトと同じ(ただし，性決定の分子メカニズムは異なる)．一番小さい第 4 染色体は染色体の**交叉**(後述)が起きないほど短く，Y 染色体上には遺伝子はほとんど乗っていない．つまり，遺伝子解析の主対象となるのは X および第 2，第 3 の 3 種類の染色体のみとシンプル．ショウジョウバエの**ゲノム**解析は 2000 年に終了．多細胞生物では線虫に次いで 2 番目であった．約 1 万 4000 個の遺伝子をもつと推測されている．

トーマス・モルガン博士の白眼の突然変異の発見以来，**古典遺伝学**(交配による遺伝解析を主とする分野．分子レベルでの遺伝子解析を主とする**分子遺伝学**に対して使われる）の知識や手法が蓄積されており，これを基盤に現在でも最先端の分子遺伝学的解析が行われている．遺伝子の**塩基配列**や機能のレベルではヒトとの共通点も多く見いだされており，ヒトに存在する遺伝子の約70％はハエにも存在していると見積もられている．最近ではアルツハイマー病，ハンチントン舞踏病，筋萎縮性側索硬化症などヒト疾患に対するモデル生物としての活用も盛んである．

古典遺伝学的な解析には，多くの**突然変異**の分離とその**純系系統**の確立，さらには純系系統の安定な維持と保存が不可欠である．これを支える，さまざまなショウジョウバエ独特の技術が開発されている．ここでは，その一例として“**バランサー染色体**”を紹介し，ハエの遺伝学がいかに突出したものかをお伝えしたい．

純系系統とは，その**雌雄**を交配し続ける限り，何代たっても形態や性質（**形質**）が変化しない系統である．いわば血統書つきの品種のようなもので，遺伝的に純粋な系統といえる．遺伝子の突然変異に注目すれば，純系系統は両親から同じ突然変異を引き継ぐ**ホモ接合体**の集団とも言い換えられる（ホモ接合体に対して，片親のみから突然変異を受け継いだ個体を**ヘテロ接合体**という）．この純系系統を雑多な遺伝的背景の集団の中から選別して確立，安定に維持する際に問題になるのは，染色体の**交叉**による突然変異遺伝子の**組換え**である．雑多な遺伝的背景の集団で組換えが自由に起きると，飼育ビンの中から取り出した個体が，突然変異のホモ接合体なのか，ヘテロ接合体なのか，あるいは突然変異をもたない個体なのか，すぐには判別できない．特に行動異常のように形態的な異常を伴わない場合はなおさらである．さらに，この状態のまま継代飼育を続けると，せっかく得られた突然変異が失われてしまいかねない．

バランサー染色体は複数の**染色体逆位**(遺伝子の並び順が通常とは逆転した染色体領域)を入り組んでもち，このためにバランサー染色体とそれとペアになる染色体との間での交叉が生じない．さらに，バランサー染色体には，**優性**の形態変異(両親のどちらか一方だけからでも突然変異を受け継ぐと形態異常が生じる)や，ホモ接合で**致死**になる変異も組み込まれている(もちろん，バランサー染色体上にあるこれらの変異も組換えを起こさず，子孫にはバランサー染色体だけによって失われることなく安定かつ確実に伝えられる)．

まず，このバランサー染色体をもつ個体を，注目する突然変異(ターゲット変異)をもつ個体と交配させたあと，次世代で，バランサー染色体とターゲット変異をもつ染色体がヘテロ接合になった雌雄を選別して再び交配する．これにより，以降はターゲット変異をもつ染色体は交叉を生じることなく次世代へと引き継がれていく．飼育ビンの中から成虫をとり出して個体ごとに形態を観察してみると，優性の形態異常を示す個体はターゲット変異をもつ染色体とバランサー染色体のヘテロ接合体，形態異常を示さない個体はターゲット変異のホモ接合体，と簡単に見分けられる(バランサー染色体のホモ系統は致死なので成虫は現れない)．ターゲット変異がホモ接合で致死になる場合でも，飼育ビンの中ではバランサー染色体とのヘテロ接合の状態で安定に継代飼育されていく(バランサー染色体のホモ接合体や，ターゲット変異のホモ接合体はいずれも致死となり，結果としてヘテロ接合体だけが成虫まで生き残って毎代子孫を残していく)．染色体異常系統に関しても同様にバランサー染色体を利用すれば，染色体の構造異常を継代的に安定に維持できる．

バランサー染色体はX，第2，第3の染色体ごとに複数種類が開発されており，たとえば，ターゲット変異が眼の形態異常のときには，優性マーカーとして翅の形態異常をもつバランサー系統を使用できる．

バランサー系統を駆使すれば，複数の突然変異をきわめて短期間に，自在かつ確実に組み合わせる交配も可能となる．また，ある個体の全染色体構成をほぼ完全にコピーした子孫(いわゆるクローン)をつくりだして，さまざまな実験に用いる芸当も可能．

ベンザー博士がショウジョウバエに目をつけた1960年代には，すでにバランサー系統以外にもショウジョウバエ遺伝学独特の数々の実験手法が整備されていた．たとえば，突然変異の作用している組織を同定する雌雄モザイク法もそのひとつである．現代のような遺伝子操作が行えない時代でも，人為的な交配だけでそれにせまるような成果を生み出す技術基盤があったといえる．1980年代以降にはもっと直接的な遺伝子操作技術が発達し，異種間での遺伝子導入も可能になった．その場合もショウジョウバエでは常に古典遺伝学的な手法と融合したエレガントな形式での遺伝子操作が行われてきた．ブランダイス大学のグループによる*per*変異体のリズム回復(レスキュー)実験やケイ博士による*per*—*luc*発光レポーターの開発はその華々しい成果のひとつである．

このような技術を駆使して，これまでにショウジョウバエで得られた突然変異の純系系統は莫大な数にのぼる．これを維持する系統保存センターが世界の数か所に設置されており(日本では国立遺伝学研究所と京都工芸繊維大学に拠点がある)，誰でもそれらの系統を使用可能．遺伝子や突然変異の情報を網羅したデータベースも完備されている．

キイロショウジョウバエを用いた研究で，ノーベル賞を受賞したものとしては，モルガン博士の「染色体説(1933年)」，マラー博士の「X 線による人為突然変異(1946 年)」(最初のバランサー系統はマラー博士が作製)，ルイス，ニュスライン-フォルハルト，ウィーシャウスの 3 博士による「初期胚発生の遺伝的制御に関する発見(ホメオティック遺伝子の発見；1995 年)」，そして本書のテーマである時計遺伝子の機能解析(2017 年)．けっして「単なる下等なムシ」などと，あなどることなかれ．

※「ショウジョウバエ」をキーワードにネット検索すれば，たくさんの研究者のサイトでの解説が見つかります．ぜひお試しあれ．

解説 2　分子遺伝学の基礎の基礎

2-1. 遺伝子と染色体，ゲノムの関係(解説図 1)

遺伝子が**染色体**上に順番に並んでいることを示したのは，ショウジョウバエ遺伝学の父トーマス・モルガン(解説 1)．ヒトは両親から 23 本ずつ(23 対 46 本)の染色体を受け継ぐ．といっても，染色体は生殖細胞だけでなく，全身のすべての細胞にある(ごくまれな例外として，成熟すると染色体を失うヒトの赤血球などの細胞もある)．

染色体の実体は，**DNA** がヒストンというタンパク質に巻きつき何重にも折りたたまれたもの．**染色体**は子孫に受け継ぐ大切なもので，染色体や遺伝子がおかしくなるとその細胞自身にも不都合が起きるので(がんはその典型)，細胞の中の**核**の中に大切にしまい込まれている．ショウジョウバエの唾液腺には普通の 100 倍くらい大きい巨大染色体があり(唾腺染色体)，顕微鏡で見ると特徴的な縞模様がある．これを手がかりに，ハエの研究者は遺伝子の存在する染色体上の場所(**遺伝子座**)を特定する．遺伝子座は遺伝子間の**組換え**(父親由来と母親由来の染色体が**交叉**し，遺伝子が由来の違う方の染色体上へと入れ換わる現象)を利用した計算(**組換え価**)からも推測可能．

一方，**ゲノム**は，染色体とはちがい概念的なもの．その生物を成立させるのに必要な遺伝子の 1 セットをいう．

2-2. DNA，RNA の性質とプローブ

DNA は通常 **2 重らせん**(**2 本鎖**)を形成している(解説図 1)．これは DNA の構成単位**ヌクレオチド**という物質に含まれる**塩基**どうしが，特定の相手とペア(塩基対)をつくる性質があるため．これを塩基の**相補性**という．塩基には A(アデニン)，T(チミン)，G(グアニン)，C(シトシン)の 4 種類があり，A は T と，G は C とペアになる．2

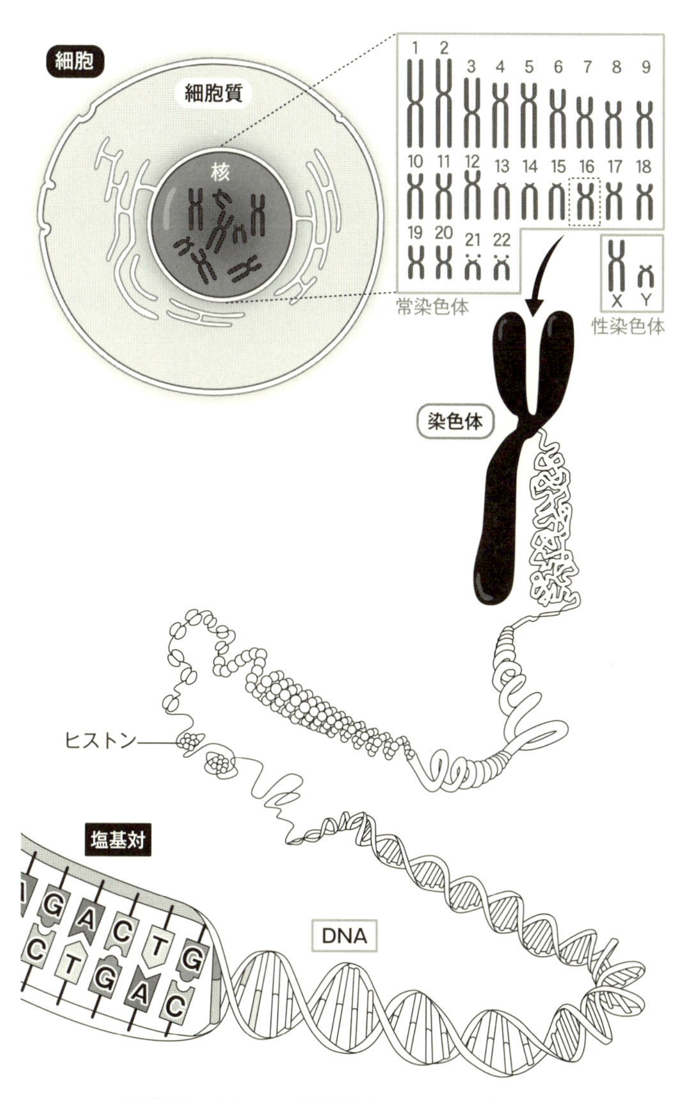

解説図 1　核の中の染色体と DNA の 2 重らせん

重らせん(2本鎖)をほどいてみると，**1本鎖**が2つできる．ある1本鎖とペアになるもう一方のDNAのならびを**相補配列**という．一方，RNAは通常は1本鎖で存在するが，**相補鎖**を人為的に与えれば2本鎖が形成される．

この**相補鎖**に，観察を容易にするための蛍光色素や放射性物質をあらかじめ結合した(ラベルする，という)ものを**プローブ**という．DNA，RNAの相補性はPCR(解説3-6)やin situハイブリダイゼーション(解説3-8)でも利用されている．

2-3．遺伝子とタンパク質の関係(解説図2)

遺伝子には，**タンパク質**の設計図になる**遺伝子コード**(遺伝暗号)を保持しておく役割がある．タンパク質は，身体をつくったり生命活動を維持したりするのに重要で，その実体は**アミノ酸**が1列につながった物質．よって，遺伝子にはアミノ酸をつなげる順番が遺伝暗号で書かれているといってもよい．遺伝暗号は**ヌクレオチド**のA，T，G，Cの4つの**塩基**の並び方で書かれており(解説2-2)，この並び方を**塩基配列**という．遺伝子のサイズはヌクレオチドがいくつつながっているかで表される．単位はbp(ベースペア)．1000 bpの単位を1 kbと表す．

生き物は**転写**，**翻訳**という複雑な手間をかけて遺伝暗号を解読してタンパク質をつくっている．遺伝子は染色体上にあり，染色体は細胞の核内に収納されている．でもそれでは使いにくい．そこで，百科事典の必要箇所だけをコピーして使うように，遺伝子も必要な時に必要なものだけが染色体からコピーされ，本体は温存される．コピーの過程を**転写**，コピーされたものは**転写産物**とか**mRNA**とよばれる．転写の過程ではDNAの**塩基配列**をRNAの**相補配列**へ

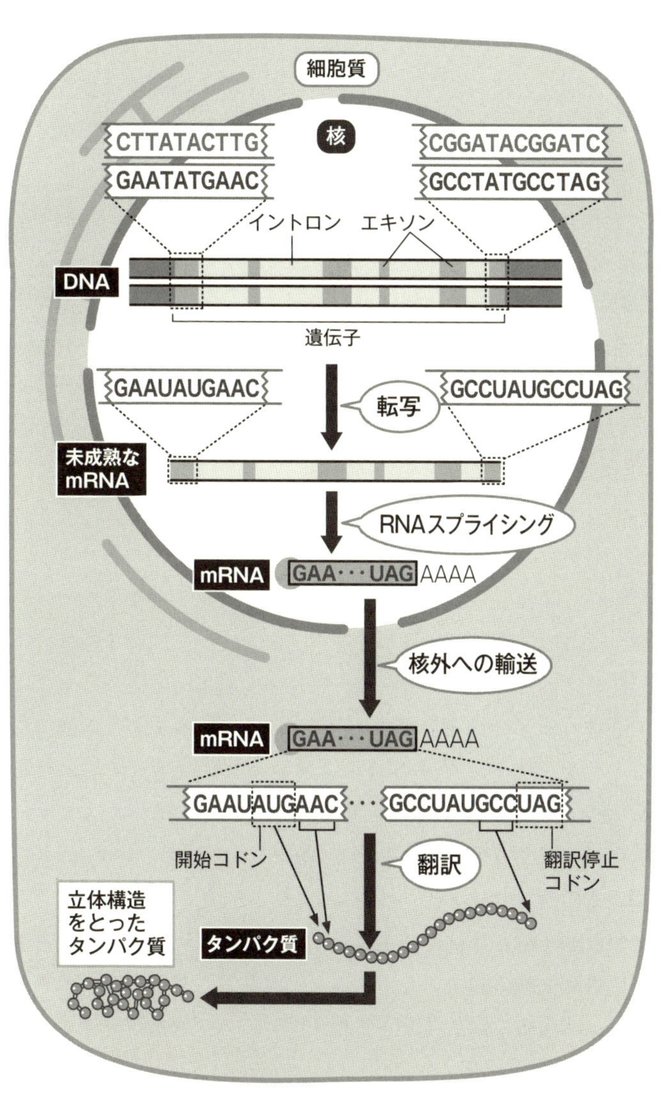
細胞質
核
CTTATACTTG
GAATATGAAC
CGGATACGGATC
GCCTATGCCTAG
イントロン
エキソン
DNA
遺伝子
GAAUAUGAAC
GCCUAUGCCUAG
転写
未成熟な
mRNA
RNAスプライシング
mRNA
GAA･･･UAG AAAA
核外への輸送
mRNA
GAA･･･UAG AAAA
GAAUAUGAAC･･･GCCUAUGCCUAG
開始コドン
翻訳
翻訳停止
コドン
立体構造
をとった
タンパク質
タンパク質

解説図 2　転写と翻訳

と反転コピーする．RNA というのは DNA に似ているが，DNA がすごく安定なのに対して RNA は壊れやすくて当座だけ使うのにうってつけの物質．ちなみに，RNA には A，U(ウラシル)，G，C の 4 塩基がある(DNA の T の代わりに U)．

転写で生み出された RNA の塩基配列を，あるきまった箇所から 3 文字 1 セットで 1 つの**アミノ酸**に読みかえながら連結していく過程を**翻訳**という．アミノ酸 1 つを指定する 3 文字 1 セットを**コドン**という．AUG コドンならメチオニンというアミノ酸を指定，CGA ならアルギニン…というふうに．なかには UGA などの**翻訳停止コドン**もある．

2-4．スプライシングとエキソン(解説図 3)

タンパク質の設計図をコードしておくのが遺伝子の役目だが，よく似ているけれどちょっとだけ細部がちがうタンパク質をつくりたい場合もある．これには 2 つのやり方があり，1 つは染色体上で遺伝子をダブらせて(遺伝子重複という)片方をちょっとちがうものに改造するやり方(例えば哺乳類の *Per1* と *Per2*)．もう 1 つは 1 個の遺伝子の内部を，例えば **1-2-3-4** の 4 ブロックに分け，あるときには **124**，別のときには **134**，さらに別のときには **123** というようにつなぎ合わせて使うやり方．これを**選択的スプライシング**といい，**1, 2，3，4** の各ブロックを**エキソン**(エクソン)とよぶ．エキソンとエキソンとは**イントロン**という配列で区切られている．歌のイントロと同じ語源．選択的スプライシングではなく，単純なイントロンの切り出しは普通に**転写**の段階で起きていて**スプライシング**とよばれる．

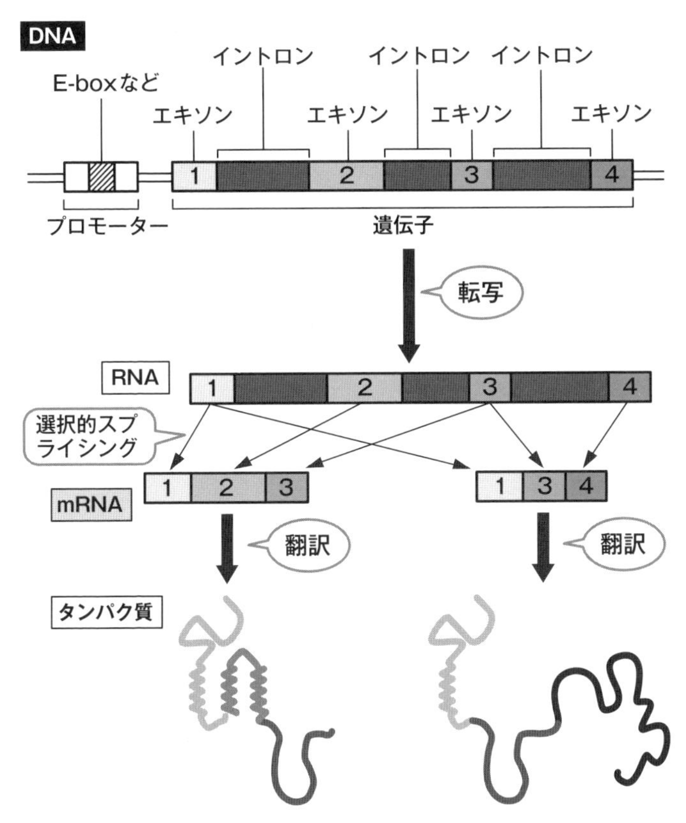

解説図3　選択的スプライシング

2-5．タンパク質のドメイン，モチーフ

タンパク質はからだをかたちづくったり生命活動を支えたりするためにはたらく．前者の代表例は筋肉，後者なら酵素．この時にタンパク質の立体構造が重要になる．タンパク質の立体構造は部分ごとに，別のタンパク質とドッキング(二量体化)するための領域(例えばPAS，ORANGE)，ここはDNAと結合する領域(例えばbHLHやbZIP．厳密には二量体化の領域も含んでいる)，ここは他の遺伝子に作用して転写活性化を行う領域(例えばPAR)，というように機能分担がある場合がある．このような領域を**ドメイン**という．ドメインの中でも，いろいろなタンパク質に共通した小領域の構造を**モチーフ**とよぶ．はっきりとしたドメインが発見されていないタンパク質や，領域ごとの機能分担はなく全体として機能するタンパク質もたくさんある．

2-6．プロモーター

遺伝子はタンパク質の設計図をコードしている．一方，遺伝子をいつ，どこで，どの程度に発現させるかは，遺伝子に隣接した**プロモーター**および**調節領域**(本書ではまとめてプロモーターとした)からの指令による(解説図3)．例えばE-boxは*per*/*tim*のプロモーター内に存在し，E-boxにCLK/CYCが結合することで周期的な発現をコントロールしている．プロモーターももちろんDNAの**塩基配列**である．

解説 3　分子生物学の実験手法のミニ解説

3-1. 遺伝子クローニング

遺伝子を解析するためには，試験管内でそれを扱う必要がある．生体内から遺伝子を取り出し，それを増幅(複製)する作業を**遺伝子クローニング**という．最近は塩基配列の解読も含めてクローニングとよぶことも多い．

3-2. 動く遺伝子

動く遺伝子**トランスポゾン**はバーバラ・マクリントック博士によって発見された．彼女はこの功績により1983年にノーベル生理学・医学賞を受賞．

遺伝子は，普通は染色体上の決まった場所(**遺伝子座**)に存在する．ところがトランスポゾンは染色体上で場所をあちらこちらに変え，文字通り動き回る．トウモロコシで粒ごとに色が違うのもトランスポゾンの影響．

ショウジョウバエでは動く遺伝子を利用して，試験管内で調製した遺伝子を生きたハエに再び戻す実験手法が発達している．調べたい遺伝子を試験管内でトランスポゾンの中に組み込み，卵に注射．卵の中でトランスポゾンが動いて染色体のどこかに入り込むと，目的の遺伝子も染色体に送り届けられる．もちろん，以降は勝手に動き回らない対策を講じてあることは言うまでもない．

3-3. 抗体とその利用

抗体は免疫反応で生み出されるタンパク質の一種．体内に侵入した異物を認識して撃退する．きわめて正確に異物に結合できるため，目的となる物質(タンパク質のことが多い)を探し出す実験に利用される．例えばPERタンパク質を認識する抗体を作製し，うすく切った組織(スライスした生ハムをイメージしてほしい)に作用させると，組織や細胞の中のPERに抗体が結合．あらかじめ，色素などで抗体をラベルしておくと，PERの存在する組織が染色される．このような実験手法は**免疫組織染色法**とよばれる．

3-4．ノーザンブロット(解説図4)

ノーザンブロットはサンプル内に，目的とするRNAが存在するかどうか，存在するならどのくらいのサイズ(bp)かを調べる実験手法．RNAは分解しやすいので実験には厳重な注意が必要．

ノーザンブロットでは，生物から精製した転写産物(いろいろなサイズのRNAの混合物)をまずアガロース電気泳動という方法で大きさ順にならべ，これを紙のようなフィルターにそのまま写し取る．この作業をブロット(英語で，洋服の染み抜きの意味)とよぶ．あとは特定のRNAがそのフィルター上のどこにあるかを見つけるだけ．タンパク質なら抗体を使うが，DNAやRNAの場合には**プローブ**を使う(解説2-2)．プローブがターゲットのRNAに**相補的**に結合すれば，それがフィルター上のどこにあるかでターゲットのRNAのサイズが，くっついたプローブの量でRNAの発現量がわかる．

DNAを電気泳動して同様の作業を行う実験手法をサザン博士が発明し，サザンブロットと命名された．これをRNAに応用した手法はノーザンブロットとよばれるようになった(英語でサザンは南，ノーザンは北)．電気泳動したタンパク質をブロット後に抗体で調べる方法はウェスタン(西)ブロット．イースタン(東)ブロットはない．

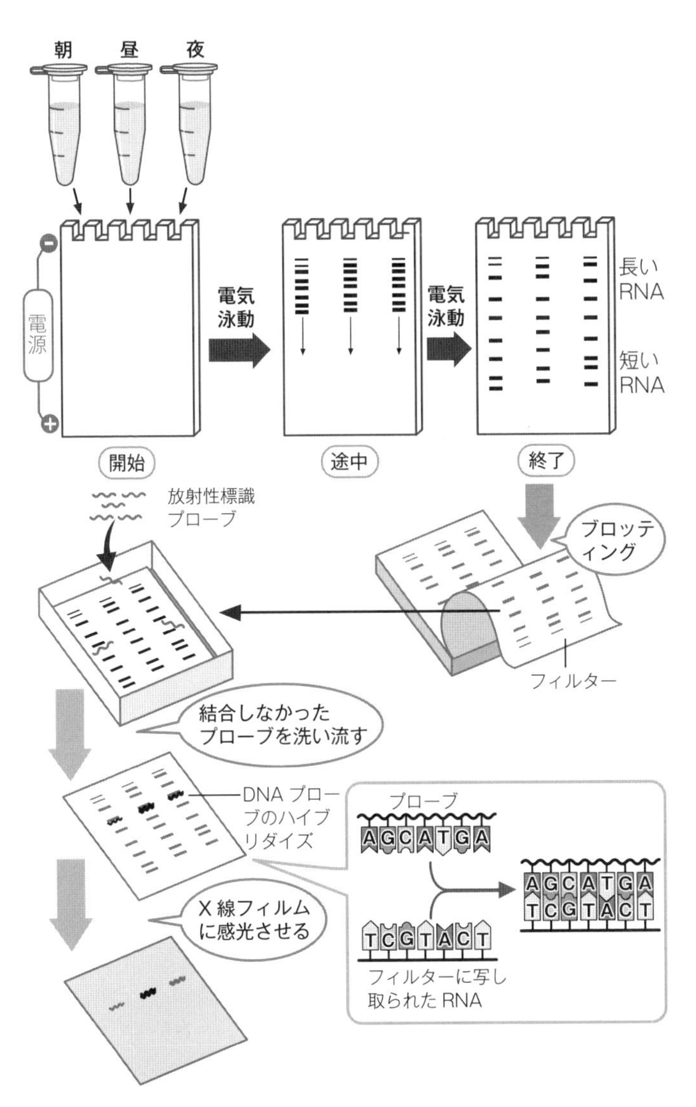

解説図 4　ノーザンブロット

3-5. RNase Protection Assay(解説図 5)

RNA の解析方法のひとつ．ノーザンブロットとは異なり，ターゲットの RNA のサイズではなく，特定のエキソンが存在するかを調べる方法．RNA は分解しやすい物質だが，**相補配列**(解説 2-2)と**2 本鎖**を形成させると分解されにくくなる性質を利用する．まず，調べたいエキソンの相補鎖をプローブ(解説 2-2)にして，試験管内で転写産物と 2 本鎖を形成させる．続いて **RNA 分解酵素**(RNase)を投入．RNA もプローブも試験管内でバラバラに分解する．ノーザンブロットでは絶対にやってはいけない荒っぽい処理だが，プローブがエキソンに結合した部分は 2 本鎖 RNA になっており，分解されずに残る．最後に電気泳動．プローブが検出されればターゲットの RNA 内に予測したエキソンが存在したと証明される．

時計遺伝子の場合は例えば *per* のあるエキソン部分の量的な時刻変動を測ることでその転写量を定量化する．調べたいエキソンに対応したプローブだけが残り，不要になったプローブも分解してしまうから，サンプルは微量で済むし，使われなかったプローブからの余計なノイズも消えて超高感度．ただし，プローブが本当に目的の RNA のエキソンにしか結合しないことの確認，2 本鎖形成や RNA 分解条件の厳密なコントロールが必要．いまでは定量的 PCR(解説 3-6)にとって代わられている．

3-6. PCR(ポリメラーゼ連鎖反応)(解説図 6)

遺伝子の**塩基配列**を試験管内で急速に人工増幅するための方法．キャリー・マリス博士はこの方法の開発により 1993 年ノーベル化学賞を受賞．**ポリメラーゼ**とは複製酵素のことで，**PCR** では，高温環境にすむ細菌から精製した**耐熱性ポリメラーゼ**を使う．高温で

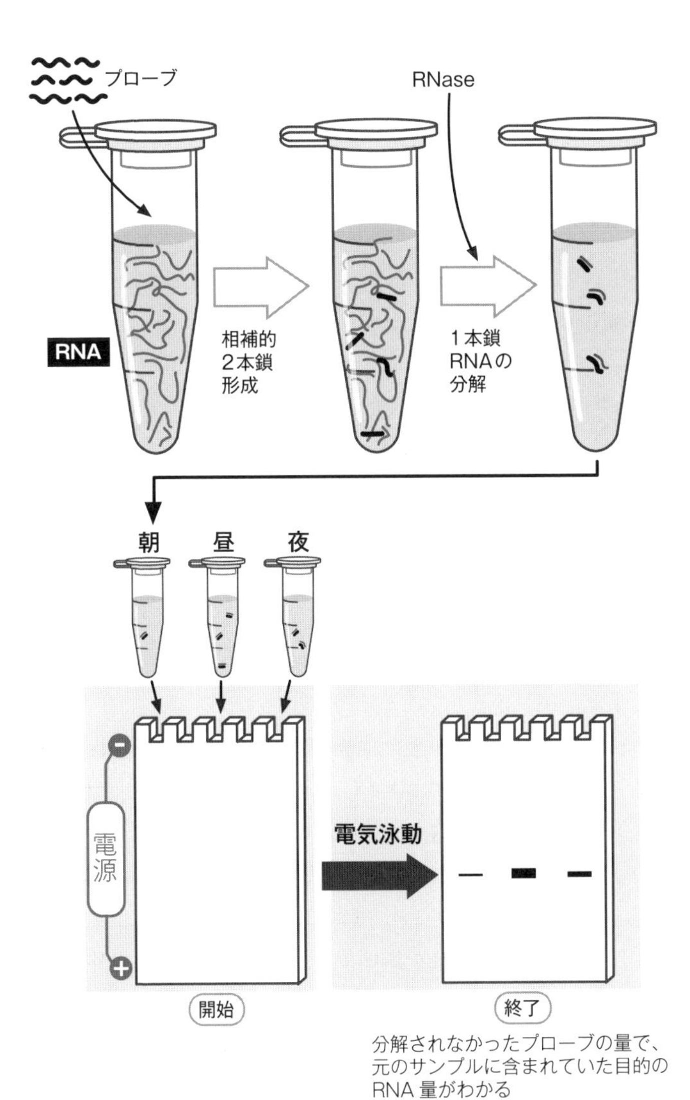

解説図 5 RNase Protection Assay

の反応を行うため，普通の酵素では変性して機能しなくなってしまうため．

PCR では，この他に，増幅するDNA配列(テンプレート)や，**プライマー**というDNA複製のタネも必要となる．もちろん，DNAの基本単位であるヌクレオチドも．プライマーというのは，**プローブ**と同じく短い**相補配列**であるが，あるDNA領域をはさみ込むように1組用意する．

PCRでは，反応温度の上げ下げのコントロールにより，①2本鎖DNAの1本鎖への解離，②1本鎖DNAとプライマーの結合，③プライマーからの相補的DNA複製，の3つのステップを順次繰り返す．これにより，1組のプライマーではさまれた目的のDNA配列が2倍，その2倍，さらにその2倍…と連鎖反応的に増幅される．あっという間にDNA配列が増幅できるため，犯罪捜査や親子鑑定，細菌検査，食べ物の品種管理などいろいろな場面で応用されている．また，PCRの応用として **RT-PCR** や**定量的 PCR** なども開発されている．

RT-PCR のRTというのは**逆転写**の意味で，**転写産物**の **RNA** 配列をまず **DNA** 配列(cDNA)にしてからPCRする方法．転写産物の解析に用いられる．RNAを鋳型にしてPCRを行うことができないため，通常はmRNAの尻尾についているAの連続(ポリA)に対する逆転写プライマー(ポリT)を使って，RNAを相補的DNA(cDNA)に逆転写し，それを鋳型にPCRを行う(ポリT以外のプライマーを使う方法もある)．

定量的 PCR はその名のとおり，反応溶液内に含まれていた遺伝子の量をPCRで計測する方法．いろいろなやり方があるが，一番簡単なのは蛍光物質をDNAの2本鎖の間に取り込ませながらの

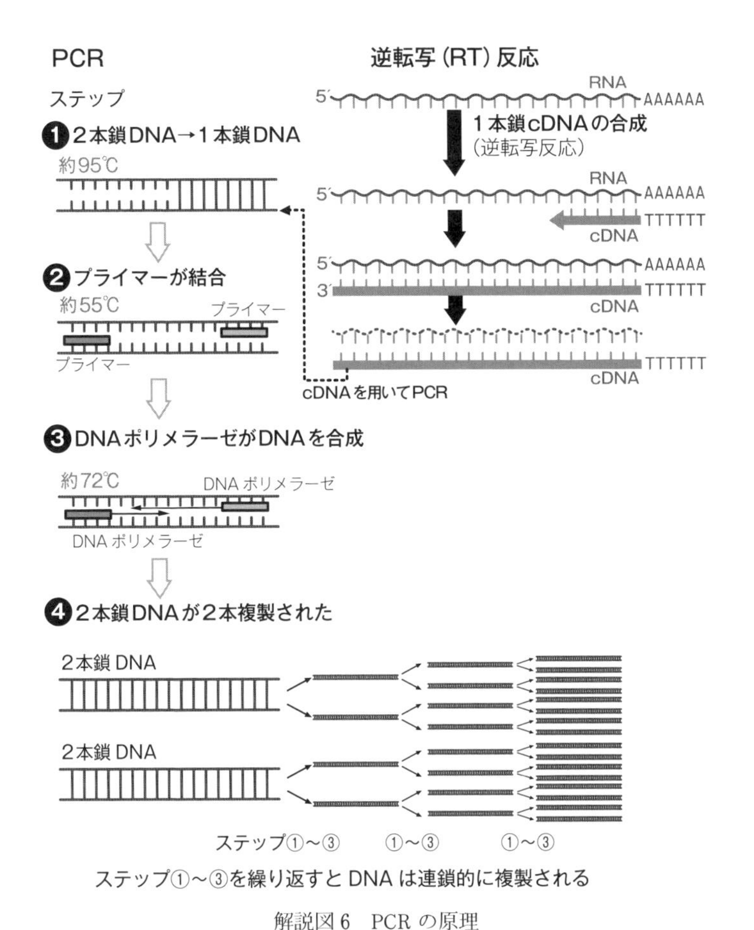

解説図6　PCR の原理

PCR．2本鎖DNAが増えると蛍光量も増えていくので，このグラフから最初に含まれていた目的のDNA（RT-PCR の場合はRNA）の量を推定する．

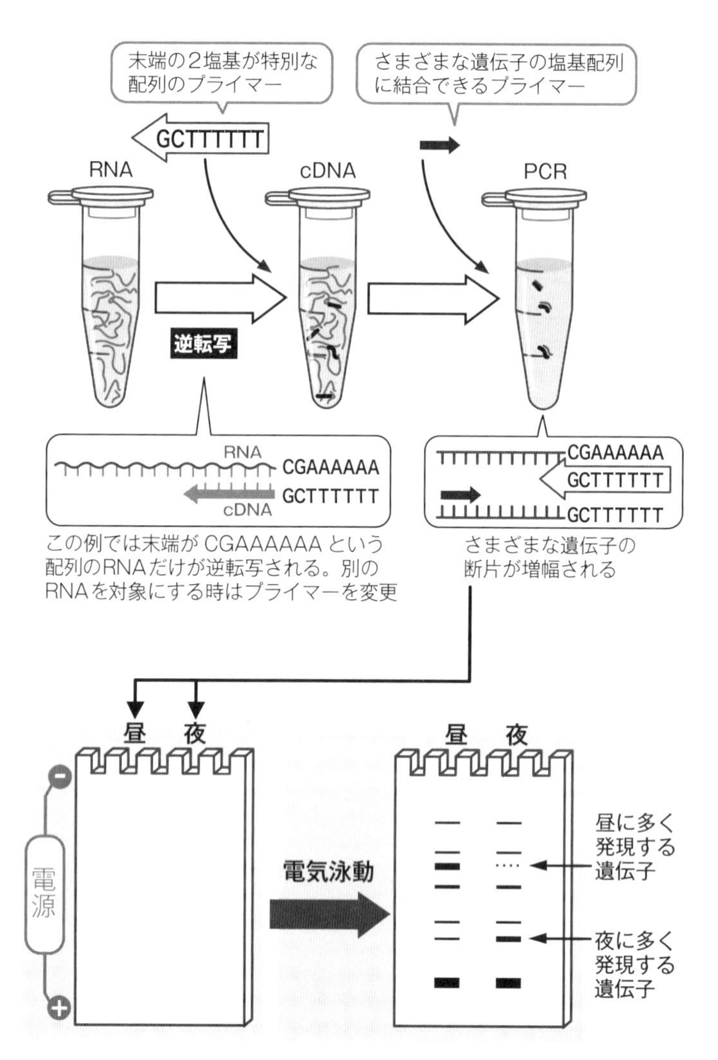

解説図 7　ディファレンシャルディスプレイ法

3-7. ディファレンシャルディスプレイ法(解説図7)

RT-PCR(解説3-6)を基本に，特定の塩基配列を含む遺伝子群をサンプル間で比較する．生体内のmRNAは種類もサイズも発現量も千差万別．電気泳動のみでは発現量の比較は不可能．かといって，ノーザンブロットやPCRではターゲットの塩基配列の情報が必要．未知遺伝子には適用できない．そこで，逆転写の過程で特定の末端配列のmRNA群だけを選別．次に，短い特定配列を含む遺伝子群だけを手当たり次第にPCR増幅．使うプライマーを変えて根気よく繰り返すことで網羅的な比較を行う．

例えば，昼と夜とでハエの頭部から**転写産物**を精製し，短い特定配列を含む遺伝子群をRT-PCRで増幅し，電気泳動でサイズ順に整理．昼と夜で増幅量に違いがある断片は，転写量が昼夜で変動している遺伝子断片ということになる．まずはこの断片の**塩基配列**を決定し，あとは遺伝子の全長配列を明らかにする．これをプライマーを変えて繰り返す．

3-8. in situハイブリダイゼーション

mRNAの発現組織を同定する方法．**免疫組織染色**の**抗体**(解説3-3)の代わりにターゲットのmRNAに対する**プローブ**を用いる．

3-9. RNA干渉と遺伝子ノックダウン

ショウジョウバエにならぶモデル生物の線虫(学名 *C. elegans*)で発見された現象．発見者のアンドリュー・ファイヤー博士は2006年にノーベル生理学・医学賞を受賞．

RNAは細胞内では通常**1本鎖**で存在するが，**相補鎖**があれば**2本鎖**も形成する(解説2-2)．2本鎖RNAとそれにマッチする部分をもつ mRNA(こちらは1本鎖)がともに存在すると，mRNA を分解する細胞内反応が起きる(試験管内の反応である RNase Protection Assay と混同しないこと)．これが**RNA 干渉**で，RNA 型ウィルスに対する細胞の防御反応といわれている．これを利用するのが**遺伝子ノックダウン法**．ショウジョウバエでよく行われるのは，ヘアピン状に中央で折れ曲がって2本鎖を形成する特殊な構造の RNA を強制発現．狙った遺伝子の部分配列をその RNA 内に仕込んでおき，遺伝子発現を狙い撃ちで低下させる．

解説 4　科学論文の発表

4-1. 学術雑誌のランクとインパクトファクター，被引用回数

学術雑誌には**インパクトファクター**(IF と略)という，会社の株価のような数値がついており，数値が高いほどランク(注目度や権威)が高いとされる．IF は年単位で変動するが，その算出原理を知るには，まずは科学論文に関するルールを知る必要がある．

どんな科学研究にも先行研究がある．参考にした研究結果や実験手法，理論的予測など．科学論文では必ずそれらを**引用**して明示するのがルール．ならば，ある論文 A が他の論文に何回引用されているかによって，論文 A の科学界への影響力を推測できる．これを論文 A の**被引用回数**という．さらに，ある年にある雑誌に掲載された論文すべてに関して，例えば直近の 2 年間での被引用回数を論文ごとにカウントして平均値を出せば，その雑誌に載った論文 1 報が最近 2 年間の科学界に及ぼした平均的な影響力がわかる．これをその雑誌の **IF** という．もちろんもっと長い期間(例えば直近の 5 年間)での集計も可能.

本書でことさらに雑誌名を出している Nature(40.137)，Science(37.205)，Cell(30.410)，Neuron(14.024)，EMBO J(9.792)，PNAS(9.661)といった雑誌は，常に生命科学分野でトップにランクされる．カッコ内は 2017 年に集計された IF で，例えば Nature 誌に掲載された 1 報の論文は，平均すると約 40 の研究に影響を与えている．一般的には，この値が 10 を超えると**一流誌**とよばれるようになる．

一流誌への掲載は熾烈な競争．日本では「一生に 1 回でもよいから一流誌に論文発表するのが夢」という研究者も多い．もちろん数十年後に真価を見いだされる研究もあるので，被引用回数が研究の質を評価する唯一の基準ではないことは言うまでもない．しかし，

研究費の配分や研究成果の審査ではこれらの数値が客観的指標として重視されるのも事実である．なお，最近ではインターネットの普及によって，被引用回数でなく論文のダウンロード回数やアクセス数で影響力を計測する方法も出てきている．

4-2．論文審査と商業誌，学会誌

学術雑誌への論文発表は審査(**査読**)を経る．まず**投稿**された論文を**編集者**が読んで内容や体裁などがその雑誌の趣旨にあったものかを判断し，それにパスした論文は**査読者**に送られる．査読者は編集部が選んだその分野の専門家．実験方法，データ，結論や考察の妥当性，さらにその分野に与える影響などの観点から掲載の可能性を判断して編集者に**コメント**する．通常は中立的な立場と思われる2名が選ばれるが，もっと多い場合もある．最近は査読に要する期間は10日ほど．編集者は査読者の意見にもとづき最終的な掲載判断を下す．

学術雑誌には**商業誌**と各学会が運営する**学会誌**がある．編集者の裁量権は商業誌の方が強く，その判断にも**話題性**の要素が大きく影響する．Nature，Cell，Neuronなどは商業誌．Science(米国科学振興協会)，EMBO J(欧州分子生物学会)，PNAS(米国科学アカデミー)などはカッコ内の学会や団体が主催する学会誌．

採択の可否は，匿名での**査読者コメント**とともに編集者から論文著者に知らされる．一度で採択されることはほぼなく，**掲載却下**されなかった場合でも，コメントに沿って論文改訂，追加実験などを行い**再投稿**が必要になる．通常，再投稿が受け付けられる期間は編集部からのコメントを受け取ってから3か月以内．再投稿論文が**再査読**でも採択されなかった場合は，同じ論文をその雑誌に再々投稿

することはできないのが普通．また，どんな場合でも，同じ論文を複数の別の雑誌に同時投稿することはできない．**二重投稿の禁止**というルール．

ある雑誌への全投稿論文数に対する掲載論文数の割合を**採択率**という．Nature 誌だと約 10% と狭き門．もちろん 10 回投稿すれば，1 回は採択されるという意味ではない．

解説 5　参考図書とミニ解説

「体内時計」「時計遺伝子」「時間生物学」「時間栄養学」「時間薬理学」などをキーワードにして検索すれば類書はすぐに見つかる．ここでは，比較的手にはいりやすい類書のうち一般書を紹介する．

ジョナサン・ワイナー(2001)『時間・愛・記憶の遺伝子を求めて――生物学者シーモア・ベンザーの軌跡』早川書房

コノプカの指導教授ベンザー博士の伝記．タイトルの通り，*per* 研究の黎明期も詳しい．私には，留学最後の日に原書をヤング博士からメッセージ付きでプレゼントされた思い出の1冊．

粂和彦(2003)『時間の分子生物学――時計と睡眠の遺伝子』講談社現代新書

概日リズムの特徴からフィードバックループ仮説の成立の物語までわかりやすく解説されている．粂先生は哺乳類のCRYがPERのパートナーであることを証明し(第3章)，現在はショウジョウバエを用いた睡眠研究の第一人者．

山元大輔(2006)『心と遺伝子』中公新書ラクレ

ショウジョウバエの行動遺伝学の成果を紹介．山元先生はハエの交尾行動の研究でホール博士のライバル．山元研究室の博士研究員であった程肇博士は独立後に哺乳類の *Per1* を発見．

NHK「サイエンスZERO」取材班＋上田泰己〔編著〕(2011)『時計遺伝子の正体』NHK出版

GeneChipの項目で登場した上田博士にNHKが取材した番組を書籍化．最先端の時計遺伝子研究の現場が垣間見られる．

明石真(2013)『体内時計のふしぎ』光文社新書

病気と体内時計の関係についての解説がわかりやすい．明石先生は毛髪を用いた体内時計の簡便な診断法(第7章)を開発.

岩崎秀雄(2013)『〈生命〉とは何だろうか――表現する生物学，思考する芸術』講談社現代新書

一般書では解説の少ないシアノバクテリアの時計タンパク質に関して詳しい．合成生物学についても紹介されている．著者はシアノバクテリアのKaiCリン酸化リズム(第7章)の発見者であり，独創的な活動を展開する芸術家でもある.

大塚邦明(2013)『「時計遺伝子」の力をもっと活かす！』小学館101新書

第7章の哺乳類の時計遺伝子ネットワークの解説でも紹介した書籍．時計遺伝子のヒトの健康への影響について，最新の知見まで含めて幅広く解説されている．大塚先生には多くの生体リズム，老化関係の御著書がある.

太田英伸(2014)『おなかの赤ちゃんは光を感じるか――生物時計とメラノプシン』岩波科学ライブラリー

岩波科学ライブラリーのもうひとつの生物時計の本．題名通りの意外な視点からの研究ストーリーが楽しめる．哺乳類の中枢時計や時計遺伝子に関してもわかりやすく解説されている.

古谷彰子〔著〕，柴田重信〔監修〕(2017)『食べる時間を変えれば健康になる――時間栄養学入門』ディスカヴァー携書

時間と食事の関係に注目した楽しい話題満載．「時間栄養学」の比較的簡単な入門書で，時計遺伝子研究が実生活にどう活かされているかがよくわかる.

最後に1冊専門書を挙げる.

富岡憲治，沼田英治，井上愼一(2003)『時間生物学の基礎』裳華房

本格的に時計遺伝子について学びたい人の入門用の教科書として.

あとがき

時計遺伝子研究がはじまって約50年．ひとつの研究分野が生まれ，発展し，成熟にいたったと考えると，長いようで短い．時計遺伝子の謎に挑んだ研究者たちは常に予想外の結果に振り回され続けた．はじめは常識はずれと批判された仮説が次の時代の常識となり，それがまた常識はずれな次の仮説にとってかわられる．その連続だった．この紆余曲折を振り返れば，時計遺伝子研究の50年はあっという間に思えてくる．

過度の研究競争も起きた．協調的に時計遺伝子の謎に挑めなかったのは残念なことだが，競争が分野の発展を加速させたのも事実である．最低限の実験試薬や機材，人件費は研究室ごとに必要．最先端の遺伝子研究には巨費を要する．リズム分野に流れ込む資金は分け合うには少なすぎた．体内時計がこれほどヒトの健康と密接に関係しているとわかったのはつい最近．長い間，遺伝子が体内の時間をあやつるなど眉唾もの，百歩譲って「下等なハエ」だけの面白ネタ，とさえ言われてきた．時計遺伝子の研究は，ヒトの役には立たない純粋に学術的な（悪く言えば，趣味的な）モノとされていた時代もあった．そのなかで，ノーベル賞の3氏は徹頭徹尾一貫して先頭に立ち，際立った活躍をしてきた．

2017年10月2日，ノーベル賞発表日の夕方，雑誌『科学』編集長 田中太郎さん（岩波書店）から解説記事の依頼メールをいただいた．岩崎秀雄先生（シアノバクテリアの項で登場）からの紹介とのことだった．この記事をきっかけに本書の執筆依頼となった．大変にありがたいお話だが少し迷った．すぐれた類書はすでに多数．この上，私の解説が世の役に立つのだろうか．背中を押してくれたのは，重永綾子博士(順天堂大学．私の妻)と伊藤太一博士(九州大学．私の唯一の弟子にあたる)．2人からのアドバイスは，私にしか書けないネタを披露しては，というものだった．

時計遺伝子の研究史をたどりながら，そこで繰り広げられた激しい競争も描くことなら，それを傍で見守り，ときに当事者となり，そしてみごとな負けっぷりを晒してきた私にこそ伝えられる内容に思えた．競争は，ある意味で研究のダークサイド．しかしそれは時計遺伝子研究の発展と不可分だった．この本に，岩波科学ライブラリーの他の書籍とは毛色の違う，少しハードでスリリングな翳(かげ)りがあるとしたら，そんなところに理由があるかもしれない．

本書執筆のために，国内外の研究者に当時の様子や状況を改めて教えていただいた．ハーディン博士によるフィードバックループ発見の経緯は，時計遺伝子研究のターニングポイントだ．くわしい経緯をご本人に何度もメールで確認させていただいた．上田泰己博士にはGeneChip解析当時のことを改めて問い合わせた．*cwo*のカデナー博士は現在イスラエルで研究している．大変な情勢の中，時差があるにもかかわらず質問するとすぐに返信をくれた．アラーダ博士の逸話は，彼の研究室の博士研究員でもあった伊藤太一博士を通して教えていただいた．スタニュースキー博士からはcry^b分離当時の逸話について，岡山大学の吉井大志博士を通じて情報を得た．また，吉井博士には時計細胞の役割分担について，霜田政美博士には秒単位のリズム(求愛歌のリズム)の解析の現状を，谷村禎一先生には*per*クローニング競争の模様を，藤堂剛先生にはCRY研究黎明期の状況を新たにご教示いただいた．霜田博士，岩崎博士，伊藤博士，重永博士には初期の原稿に対して有意義なコメントをいただいた．岩波書店の田中太郎さん，押田連さんには編集を担当いただいた．関係者のみなさまに感謝いたします．

時計遺伝子に関する研究の蓄積は莫大．本書ではショウジョウバエの時計遺伝子分野に特化した解説を行ったが，その中の重要な知見ですらすべては紹介しきれていない．成果引用が独断的な箇所もある．ご興味をもたれた方は，ぜひ成書もあわせて読んで知識を補っていただきたい．解説5には参考書籍のリストを挙げた．

時計遺伝子の分野は医療と密接に関係しているだけではない．新しい学問領域「合成生物学」の創成にも大きく貢献した．生命システムを人工的に設計し，組み立て，機能させてみることで生き物の仕組みを理解しようという研究分野だ．ヤング博士の研究室への私の留学もその関係．これについてはまったく紹介できなかったが，合成生物学は将来ノーベル賞が出ることも期待できる画期的な研究分野といえる．

研究分野どうしも研究者どうしも，良きにつけ悪きにつけ，さまざまな影響を及ぼしあいながら，過去から未来へ連綿とつながっていく．本書を読んでいただくことで，科学に興味のある若いみなさんにその発展の一部を追体験していただき，研究への関心や興味を新たにしていただけたなら，私にとって大きな喜びである．

2018年6月

松本　顕

松本 顕

1965年高知県生まれ．大阪府立大学総合科学部卒業，山口大学大学院理学研究科修了．九州大学より博士(理学)の学位授与．山口大学理学部教務員，九州大学高等教育開発推進センター助手などを経て，2016年より順天堂大学医学部先任准教授．専門は，時間生物学．共著書に『光と生命の事典』(朝倉書店)などがある．

岩波 科学ライブラリー 275

時をあやつる遺伝子

2018年7月11日 第1刷発行

著 者 松本 顕(まつもと あきら)

発行者 岡本 厚

発行所 株式会社 岩波書店

〒101-8002 東京都千代田区一ツ橋2-5-5

電話案内 03-5210-4000

http://www.iwanami.co.jp/

印刷 製本・法令印刷 カバー・半七印刷

ISBN 978-4-00-029675-5 Printed in Japan

◦岩波科学ライブラリー〈既刊書〉

嘉糠洋陸 251 **なぜ蚊は人を襲うのか** 本体 1200 円	人を襲うのはオスと交配したメス蚊だけだ．なぜか．アフリカの大地で巨大蚊柱と格闘し，アマゾンでは牛に群がる蚊を追う．かたや研究室で万単位の蚊を飼育．そんな著者だからこそ語れる蚊の知られざる奇妙な生態の数々．
橘　省吾 252 **星くずたちの記憶** 銀河から太陽系への物語 本体 1200 円	彗星の塵，月の石，「はやぶさ」が持ち帰った小惑星のかけら……．「星くず」の中の鉱物には，宇宙や太陽系の過去が刻印されている．その〈記憶〉を丁寧に読み解きながら，明るみに出た星くずたちの雄大な旅路を紹介．
鈴木真治 253 **巨大数** 本体 1200 円	アルキメデスが数えたという宇宙を覆う砂の数，仏典の最大数「不可説不可説転」，宇宙の永劫回帰時間，数学の証明に使われた最大の数…などなど，伝説や科学に登場するさまざまな巨大数の文字通り壮大な歴史を描く．
大﨑茂芳 254 **クモの糸でバイオリン** 本体 1200 円	クモの糸にぶら下がって世間を賑わせた著者が，今度はクモの糸でバイオリンの弦を……！？　暗中模索，数年がかりで完成した弦が，やがてストラディバリウスの上で奏でられ，大反響を巻き起こすまで，成功物語のすべてをレポート．
小長谷正明 255 **難病にいどむ遺伝子治療** 本体 1300 円	原因がわからず治療法もないなかで患者と家族を苦しめてきた遺伝性の難病．医学の進歩によって理解がすすみ，治療の希望が見えてきた．歴史的エピソードや豊富な臨床体験を交えながら，発見の臨場感をこめて綴る．
小澤祥司 256 **ゾンビ・パラサイト** ホストを操る寄生生物たち 本体 1200 円	ホスト(宿主)の体を棲み処とするパラサイト(寄生生物)の中に，自分や子孫の生存にとって有利になるように，ホストの行動を操るものが進化してきた．ホストをゾンビ化して操るパラサイトたちの精妙な生態を紹介．
横澤一彦 257 **つじつまを合わせたがる脳** 本体 1200 円	作り物とわかっているのに自分の手と思い込む．目の前にあるのに見落としてしまう．いずれも脳のつじつま合わせが引き起こす現象．このおかげで，われわれは安心して日常を生きていられる？　脳と上手につきあうための本．
黒川信重 258 **ラマヌジャン探検** 天才数学者の奇蹟をめぐる 本体 1200 円	わずか 30 年ほどの生涯のなかで，天才数学者ラマヌジャンが発見した奇蹟ともいえる公式の数々．百年後もなお輝きを失わないどころか，数学の未来を照らし出す．奇蹟の数式の導出からその意味までを存分に味わえる本．

広瀬友紀

259 **ちいさい言語学者の冒険**
子どもに学ぶことばの秘密

本体 1200 円

ことばを身につける最中の子どもが見せる面白くて可愛らしい「間違い」は，ことばの秘密を知る絶好の手がかり．大人からの訂正にはおかまいなく，言語獲得の冒険に立ち向かう子どもは，ちいさい言語学者なのだ．

真 鍋 真

260 **深読み! 絵本『せいめいのれきし』**

カラー版 本体 1500 円

半世紀以上にわたって読み継がれてきた名作絵本『せいめいのれきし』．改訂版を監修した恐竜博士が，長い長い命のリレーのお芝居の見どころを解説します．隅ずみにまで描き込まれたしかけなど，楽しい情報が満載です．

窪薗晴夫 編

261 **オノマトペの謎**
ピカチュウからモフモフまで

本体 1500 円

日本語を豊かにしている擬音語や擬態語．スクスクとクスクスはどうして意味が違うの？　外国語にもオノマトペはあるの？　モフモフはどうやって生まれたの？　八つの素朴な疑問に答えながら，その魅力に迫ります．

千 葉 聡

262 **歌うカタツムリ**
進化とらせんの物語

本体 1600 円

地味でパッとしないカタツムリだが，生物進化の研究においては欠くべからざる華だった．偶然と必然，連続と不連続……．行きつ戻りつしながらもじりじりと前進していく研究の営みと，カタツムリの進化を重ねた壮大な歴史絵巻．

徳田雄洋

263 **必勝法の数学**

本体 1200 円

将棋や囲碁で人間のチャンピオンがコンピュータに敗れる時代となってしまった．前世紀，必勝法にとりつかれた人々がはじめた研究をたどりながら，必勝法の原理とその数理科学・経済学・情報科学への影響を解説する．

上村佳孝

264 **昆虫の交尾は、味わい深い…。**

本体 1300 円

ワインの栓を抜くように、鯛焼きを鋳型で焼くように――!?　昆虫の交尾は、奇想天外・摩訶不思議。その謎に魅せられた研究者が、徹底した観察と実験で真実を解き明かしてゆく、サイエンス・エンタメノンフィクション！　[袋とじ付]

山内一也

265 **はしかの脅威と驚異**

本体 1200 円

はしかは，かつてはありふれた病気で軽くみられがちだ．しかしエイズ同様，免疫力を低下させ，脳の難病を起こす恐ろしいウイルスなのだ．一方，はしかを利用した癌治療も注目されている．知られざるはしかの話題が満載．

鎌田浩毅

266 **日本の地下で何が起きているのか**

本体 1400 円

日本の地盤は千年ぶりの「大地変動の時代」に入った．内陸の直下型地震や火山噴火は数十年続き，2035 年には「西日本大震災」が迫る．市民の目線で本当に必要なことを，伝える技術を総動員して紹介．命を守る行動を説く．

定価は表示価格に消費税が加算されます．2018 年 7 月現在

◦岩波科学ライブラリー〈既刊書〉

小澤祥司

267 **うつも肥満も腸内細菌に訊け!**

本体 1300 円

腸内細菌の新たな働きが，つぎつぎと明らかにされている．つくり出した物質が神経やホルモンをとおして脳にも作用し，さまざま病気や，食欲，感情や精神にまで関与する．あなたの不調も腸内細菌の乱れが原因かもしれない．

小山真人

268 **ドローンで迫る 伊豆半島の衝突**

カラー版 本体 1700 円

美しくダイナミックな地形・地質を約百点のドローン撮影写真で紹介．中心となるのは，伊豆半島と本州の衝突が進行し，富士山・伊豆東部火山群・箱根山・伊豆大島などの火山活動も活発な地域である．

諏訪兼位

269 **岩石はどうしてできたか**

本体 1400 円

泥臭いと言われつつ岩石にのめり込んで 70 年の著者とともにたどる岩石学の歴史．岩石の源は水かマグマか，この論争から出発し，やがて地球史や生物進化の解明に大きな役割を果たし，月の探査に活躍するまでを描く．

岩波書店編集部 編

270 **広辞苑を 3 倍楽しむ その 2**

カラー版 本体 1500 円

各界で活躍する著者たちが広辞苑から選んだ言葉を話のタネに，科学にまつわるエッセイと美しい写真で描きだすサイエンス・ワールド．第七版で新しく加わった旬な言葉についての書下ろしも加えて，厳選の 50 連発．

廣瀬雅代，稲垣佑典，深谷肇一

271 **サンプリングって何だろう**

統計を使って全体を知る方法

本体 1200 円

ビッグデータといえども，扱うデータはあくまでも全体の一部だ．その一部のデータからなぜ全体がわかるのか．データの偏りは避けられるのか．統計学のキホンの「キ」であるサンプリングについて徹底的にわかりやすく解説する．

虫明 元

272 **学ぶ脳**

ぼんやりにこそ意味がある

本体 1200 円

ぼんやりしている時に脳はなぜ活発に活動するのか？　脳ではいくつものネットワークが状況に応じて切り替わりながら活動している．ぼんやりしている時，ネットワークが再構成され，ひらめきが生まれる．脳の流儀で学べ！

イアン・スチュアート／川辺治之訳

273 **無限**

本体 1500 円

取り扱いを誤ると，とんでもないパラドックスに陥ってしまう無限を，数学者はどう扱うのか．正しそうでもあり間違ってもいそうな 9 つの例を考えながら，算数レベルから解析学・幾何学・集合論まで，無限の本質に迫る．

松沢哲郎

274 **分かちあう心の進化**

本体 1800 円

今あるような人の心が生まれた道すじを知るために，チンパンジー，ボノボに始まり，ゴリラ，オランウータン，霊長類，哺乳類……と比較の輪を広げていこう．そこから見えてきた言語や芸術の本質，暴力の起源，そして愛とは．

定価は表示価格に消費税が加算されます．2018 年 7 月現在